电力企业员工安全基础知识

国家电网有限公司技术学院分公司　组编

中国水利水电出版社
www.waterpub.com.cn
·北京·

内 容 提 要

本书主要包括五章内容：安全管理制度、消防安全基础知识、现场应急救护、突发事件处理、网络信息安全知识。通过本书的学习，可以有效掌握电力企业安全基本知识，提高个人安全素养。

本书可作为电力企业新入职员工培训教材和员工定期培训的安全教材。

图书在版编目（CIP）数据

电力企业员工安全基础知识 / 国家电网有限公司技术学院分公司组编. -- 北京 ：中国水利水电出版社，2021.7
　　ISBN 978-7-5170-9734-1

Ⅰ．①电… Ⅱ．①国… Ⅲ．①电力工业－安全生产－安全管理 Ⅳ．①TM08

中国版本图书馆CIP数据核字(2021)第134867号

书　　名	**电力企业员工安全基础知识** DIANLI QIYE YUANGONG ANQUAN JICHU ZHISHI	
作　　者	国家电网有限公司技术学院分公司　组编	
出版发行	中国水利水电出版社 （北京市海淀区玉渊潭南路1号D座　100038） 网址：www.waterpub.com.cn E-mail：sales@waterpub.com.cn 电话：(010) 68367658（营销中心）	
经　　售	北京科水图书销售中心（零售） 电话：(010) 88383994、63202643、68545874 全国各地新华书店和相关出版物销售网点	
排　　版	中国水利水电出版社微机排版中心	
印　　刷	天津嘉恒印务有限公司	
规　　格	184mm×260mm　16开本　6.5印张　158千字	
版　　次	2021年7月第1版　2021年7月第1次印刷	
印　　数	0001—2000册	
定　　价	**75.00**元	

《电力企业员工安全基础知识》
编　委　会

主　　任　谢德生

副 主 任　王　超

编写人员　（按姓氏拼音排序）

曹建梅　　陈伟杰　　程新华　　崔　昊　　蒋同军

孔　超　　李功克　　李洪战　　李文进　　刘晓曦

牛文东　　乔　磊　　谭　伟　　王　健　　王金枝

王丽娜　　王　伟　　杨祥来　　殷　帅　　于鹏娟

张绪霞　　赵军伟　　郑光明

统稿人员　李功克

　　安全是做好一切工作的前提和基础，是压倒一切的大事。国家电网公司系统近年来发生的安全事故深刻警示我们，没有安全工作的保障，一切都无从谈起。为进一步提升全员安全素质，推动国家电网有限公司技术学院分公司（以下简称"学院"）安全工作再上新台阶，始终坚持安全第一、预防为主、综合治理的方针，学院组织编写了安全内训专用知识读本。

　　本书分为安全管理制度、消防安全基础知识、现场应急救护、突发事件处理、网络信息安全知识五章。通过学习，能够明晰安全及相关概念的含义，理解安全生产的内涵及意义；掌握与安全有关的法律法规；掌握灭火器和室内消火栓的正确使用方法，以及火场逃生的知识；了解应急救护概论，掌握触电急救、创伤急救的方法；熟知应急预案，掌握突发事件应急处置措施；增强信息安全意识，熟悉网络安全相关法律法规。

　　由于编写人员水平所限，书中不妥之处，请广大读者批评指正。

作者

2021 年 5 月

目 录

第 一 章

安全管理制度

 内容概述

本章包括安全认知和安全法律法规认知两个小节。安全认知部分主要讲述了安全、危险、隐患、违章、事故等安全相关概念，以及安全生产的方针、电力安全生产的指导原则，国家电网公司安全生产目标等安全生产基础知识；安全法律法规认知部分阐述了安全责任、安全教育、安全投入、应急处置、安全奖惩等相关安全生产规定。

 学习目标

1. 明晰安全、危险、隐患、违章、事故等安全相关概念的含义。

2. 理解安全生产方针的内涵，以及国家电网公司的安全目标、指导原则。

3. 解读安全法律法规，了解安全责任、安全教育、安全投入、应急处置和安全奖惩等相关的安全生产规定。

第一节 安 全 认 知

一、习近平总书记关于安全生产的重要指示与论述

（一）六大要点

（1）强化红线意识，实施安全发展战略。始终把人民群众的生命安全放在首位，发展决不能以牺牲人的生命为代价，这是一条不可逾越的红线。

（2）抓紧建立健全安全生产责任体系。建立健全"党政同责、一岗双责、齐抓共管"的安全生产责任体系，切实做到管行业必须管安全、管业务必须管安全、管生产经营必须管安全。

（3）强化企业主体责任落实。所有企业都必须认真履行安全生产主体责任，善于发现问题、解决问题。

（4）加快安全监管方面改革创新。坚持最严格的安全生产制度，加大安全生产指标考核权重，实行安全生产和重大事故风险"一票否决"。

（5）全面构建长效机制。安全责任重于泰山，安全生产应坚持标本兼治、重在治本，

建立长效机制，坚持"常、长"二字，经常、长期抓下去。

（6）领导干部要敢于担当，勇于负责。坚持命字在心、严字当头，敢抓敢管、勇于负责，不可有丝毫懈怠。只要领导干部敢于履职、认真抓，就可以把事故发生率和死亡率降到最低程度。

（二）十句"硬话"

（1）人命关天，发展绝不能以牺牲人的生命为代价，这必须作为一条不可逾越的红线。

（2）落实安全生产责任制，要落实行业主管部门直接监管、安全监管部门综合监管、地方政府属地监管，坚持管行业必须管安全，管业务必须管安全，管生产必须管安全，而且要党政同责、一岗双责、齐抓共管。

（3）当干部不要当的那么潇洒，要经常临事而惧，这是一种负责任的态度，要经常有睡不着觉、半夜惊醒的情况，当官当的太潇洒，准要出事。

（4）对责任单位和责任人要打到疼处、痛处，让他们真正痛定思痛、痛改前非，有效防止悲剧重演。造成重大损失，如果责任人照样拿高薪，拿高额奖金，还分红，那是不合理的。

（5）安全生产必须警钟长鸣、常抓不懈，丝毫放松不得，否则就会给国家和人民带来不可挽回的损失。

（6）必须建立健全安全生产责任体系，强化企业主体责任，深化安全生产大检查，认真吸取教训，注重举一反三，全面加强安全生产工作。

（7）所有企业都必须认真履行安全生产主体责任，做到安全投入到位、安全培训到位、基础管理到位、应急救援到位，确保安全生产。

（8）安全生产，要坚持防患于未然，要继续开展安全生产大检查，做到"全覆盖、零容忍、严执法、重实效"，要采用不发通知、不打招呼、不听汇报、不用陪同和接待，直奔基层、直插现场，暗查暗访，特别是要深查地下油气管网这样的隐蔽致灾隐患。要加大隐患整改治理力度，建立安全生产检查工作责任制，实行谁检查、谁签字、谁负责，做到不打折扣、不留死角、不走过场，务必见到成效。

（9）要做到"一厂出事故、万厂受教育，一地有隐患、全国受警示"。各地区和各行业领域要深刻吸取安全事故带来的教训，强化安全责任，改进安全监管，落实防范措施。

（10）血的教训极其深刻，必须牢牢记取。各生产单位要强化安全生产第一意识，落实安全生产主体责任，加强安全生产基础能力建设，坚决遏制重特大安全生产事故发生。

二、安全及相关概念

（一）安全

无危则安，无损则全。安全，就是平安无损，意味着不危险。系统的安全思想认为，世界上没有绝对安全的事物，任何事物中都包含有不安全的因素，具有一定危险性。因此，按照系统安全工程观点，安全是指免遭不可接受的风险伤害。通俗地说，安全就是在人们的生产和生活过程中，生命得到保证，身体、设备、财产不受到伤害。

（二）安全生产

安全生产是指在生产经营活动中，为避免发生造成人员伤害和财产损失的事故，有效消除或控制危险和有害因素而采取一系列措施，使生产过程在符合规定的条件下进行，以保证从业人员的人身安全与健康，设备和设施免受损坏，环境免遭破坏，保证生产经营活动得以顺利进行的相关活动。

（三）危险

危险是指某一系统、设施或操作可能导致意外事故的现有或潜在的状况，其发生可能造成人员伤害、职业病、财产损失、作业环境破坏的状态。危险是安全的对立面，两者既互为存在条件，又可相互转化。实际上，危险就是系统中导致发生不期望后果的可能性超过了人们的承受程度。

安全是相对的，危险是绝对的，人的一生始终伴随着危险，其原因是日常生活、生产活动中，危险源始终伴随着我们。

（四）风险

风险就是一个事件产生我们所不希望的后果的可能性，是某一种事物预期后果估计中的较为不利的一面，即某一特定危险情况发生的可能性和后果（严重性）的组合，可用下式表示：

$$风险＝危险发生的概率×后果的严重程度$$

（五）事故

事故是指人们在实现有目的的行为过程中，突然发生的、与人的意志相反且事先未能预料到的意外事件，它能造成人员的伤亡、财产的损失、生产中断等。从这个定义可以看出，事故是意外事件，是人们不希望发生的，同时该事件的产生违背了人们的意愿。事故是风险没有受到有效控制而产生的一种后果。

事故是一种过程状态，是时间轴上一系列离散的点。其过程可表述为：危险源（危险因素）→事故隐患→事故的触发（以一定逻辑顺序出现的一系列事件）→事故的表现形式（产生各种意外后果）。

根据人员伤亡数和财产损失大小，依据《中华人民共和国安全生产法》把事故分为四级：特别重大事故、重大事故、较大事故和一般事故。

（六）隐患

隐患是指安全风险程度较高，可能导致事故发生的作业场所、设备设施、电网运行的不安全状态、人的不安全行为和安全管理方面的缺陷。

根据可能造成的事故后果，隐患分为Ⅰ级重大事故隐患、Ⅱ级重大事故隐患、一般事故隐患和安全事件隐患四个等级。

隐患的主要特征是无章可循，是隐藏的，需进行排查才能找出。

隐患不等同于事故，隐患是危险存在的要素，它是事故发生的必要条件，但不是充分条件。当隐患被认识时，就要消除隐患。如果因客观条件限制不能消除的隐患，要采取措施降低其危险性或延缓其危险性的增长速度，减少事故的触发概率，避免事故的发生。因此日常的安全生产管理中，查找、辨识、分析、管理隐患是一项重要的安全工作。

事故可以预防。只要制止一连串事件中的任何一个事件的发生，而不仅仅是最后一个导致事故的行为，就能截断"事故链"。

（七）缺陷

运行中的设备或设施发生异常，虽能继续使用，但影响安全运行，均称为缺陷。

设备缺陷按照对电网运行的影响程度，分为危急缺陷、严重缺陷和一般缺陷。

1. 危急缺陷

危急缺陷是指电网设备在运行中发生了偏离且超过运行标准允许范围的误差，直接威胁安全运行并需立即处理的缺陷，否则，随时可能造成设备损坏、人身伤亡、大面积停电、火灾等事故。危急缺陷处理期限不超过 24 小时。

2. 严重缺陷

严重缺陷是指电网设备在运行中发生了偏离且超过运行标准允许范围的误差，对人身或设备有重要威胁，暂时尚能坚持运行，不及时处理可能造成事故的缺陷。严重缺陷处理期限不超过一个月。

3. 一般缺陷

一般缺陷是指电网设备在运行中发生了偏离运行标准的误差，尚未超过允许范围，在一定期限内对安全运行影响不大的缺陷。需停电处理的一般缺陷处理时限不超过一个例行试验检修周期，可不停电处理的一般缺陷时限原则上不超过三个月。一般缺陷年度消除率应在 90％以上。

特别应注意的是：超出设备缺陷管理制度规定的消缺周期仍未消除的设备危急缺陷和严重缺陷，变为事故隐患，应按隐患进行统计和管理。

一般缺陷不是事故隐患。

（八）违章

违章是指违反国家和行业安全生产法律法规、规程标准，违反国家电网有限公司安全生产规章制度、反事故措施、安全管理要求等，可能对人身、电网和设备构成危害并诱发事故的人的不安全行为、物的不安全状态和环境的不安全因素。电力安全事故 90％以上是由于直接违章所造成的，抓好反违章活动，是安全管理中事事处处都要进行的一项很重要、很有效、很具体的工作，对确保电力企业安全生产有着很大的作用。

违章的主要特征为有章不循，是事故隐患的特殊表现形式，是明显的事故隐患。

按照违章的性质，违章分为行为违章、装置违章和管理违章。

1. 行为违章

行为违章是指现场作业人员在电力工程设计、施工、生产过程中，不遵守国家、行业以及集团公司所颁发的各项规定、制度和反事故措施，违反保证安全的各项规定、制度及措施的一切不安全行为。

2. 装置违章

装置违章指工作现场的环境、设备、设施及作业使用的工器具及安全防护用品不满足规程、规定、标准、反事故措施等的要求，不能可靠保证人身、电网和设备安全的一切不安全状态。

3.管理违章

管理违章是指各级领导、管理人员，不履行岗位安全职责，不落实安全管理要求，不执行安全规章制度等各种不安全行为。

全国电力行业的统计表明，违章是造成人身伤亡事故和误操作事故的主要原因，因此应加大力度开展反违章工作。同时还应看到习惯性违章的顽固性和反复性，要事事处处长抓不懈。

（九）本质安全

本质安全是指设备、设施或技术工艺含有内在的能够从根本上防止发生事故的功能，即使在误操作或发生故障的情况下也不会造成事故。其具体包括两方面的内容：

（1）失误——安全功能，指操作者即使操作失误，也不会发生事故或伤害，或者说设备、设施和技术工艺本身具有自动防止人的不安全行为的功能。

（2）故障——安全功能，是指设备、设施或技术工艺发生故障或损坏时，还能暂时维持正常工作或自动转变为安全状态。

上述两种安全功能应该是设备、设施和技术工艺本身固有的，即在规划设计阶段就被纳入其中，而不是事后补偿的。

本质安全是安全生产预防为主的根本体现，也是安全生产的最高境界。由于技术、资金和人们对事故的认识等原因，到目前还很难做到本质安全，应作为追求的目标。

（十）电力安全生产

电力安全生产是指电力生产过程在符合安全的物质条件和秩序下进行，以防止人身伤亡、设备损坏和电网事故的发生，保障职工的安全健康和设备、电网的安全，以及"发、送、变、配、用"各个环节的正常运行而采取的各项措施和活动。电力安全生产的范围主要包括电力生产安全、电力基本建设安全、电力多种经营安全三大部分。

三、安全生产方针及电力安全生产原则

（一）安全生产方针

"安全第一，预防为主，综合治理"是我国的安全生产方针，是长期安全生产管理实践与经验的总结，是我国对安全生产工作所提出的一个总的要求和指导原则，要搞好安全生产，就必须贯彻执行安全生产方针。

（1）"安全第一"是指首先必须强调安全的重要性。安全与生产相比较，安全是重要的，因此要先安全后生产。也就是说，在一切生产活动中，要把安全工作放在首要位置，优先考虑。它是处理安全工作与其他工作关系的重要原则和总的要求。

（2）"预防为主"是指安全工作应当做在生产活动开始之前，并贯彻始终。凡事预则立，不预则废。安全工作的重点应放在预防事故的发生上，应事先考虑事故发生的可能性，采取有效措施以尽量减少并避免事故的发生和事故造成的损失。因此，必须在从事生产活动之前，充分认识、分析和评价系统可能存在的危险性，事先采取一切必要的组织措施、技术措施，排除事故隐患。以"安全第一"的原则，处理生产过程中出现的安全与生产的矛盾，保证生产活动符合安全生产、文明生产的

要求。

（3）"综合治理"是指适应我国安全生产形势的要求，自觉遵循安全生产规律，正视安全生产工作的长期性、艰巨性和复杂性，抓住安全生产工作中的主要矛盾和关键环节，综合运用经济、法律、行政等手段，人管、法治、技防多管齐下，并充分发挥社会、职工、舆论的监督作用，有效解决安全生产领域的问题。

（二）电力安全生产的指导原则

1. "谁主管，谁负责"的原则

企业法定代表人是安全生产第一责任人，对安全生产负全面领导责任。企业安全工作实行各级行政首长负责制，做到"谁主管，谁负责"。

2. "管生产必须管安全"的原则

管生产必须管安全是要求谁管生产就必须在管理生产的同时，管好管辖范围内的安全生产工作，并负全面责任，这是安全生产管理的基本原则之一。

3. "五同时"原则

各企业单位应贯彻"谁主管，谁负责"的原则，坚持"管业务必须管安全"，做到计划、布置、检查、总结、考核业务工作的同时，做好计划、布置、检查、总结、考核安全工作。

4. "安全具有否决权"原则

安全具有否决权的原则是指安全工作是衡量企业经营管理工作好坏的一项基本的和首要的内容。该原则要求，在对企业各项指标考核、评选先进时，必须要首先考虑安全指标的完成情况，安全生产指标具有一票否决的作用。

5. "三同时"原则

生产经营单位新建、改建、扩建工程项目（以下统称建设项目）的安全设施，必须与主体工程同时设计、同时施工、同时投入生产和使用。安全设施投资应当纳入建设项目概算。监督建设项目安全设施"三同时"是安全监督管理机构的职责之一。

6. "四不放过"原则

"四不放过"是指事故原因未查清不放过、责任人员未处理不放过、整改措施未落实不放过、有关人员未受教育不放过。

7. "全面管理"原则

全面、全员、全方位、全过程的全面管理原则，要求每一个环节都要贯彻安全要求，每一名员工都要落实安全责任，每一道工序都要消除安全隐患，每一项工作都要促进安全供电。

8. "四个凡事"原则

凡事有人负责、凡事有章可循、凡事有据可查、凡事有人监督。

 本节小结

1. 安全，就是平安无损，安全就意味着不危险。系统的安全思想认为，世界上没有绝对安全的事物，任何事物中都包含有不安全的因素，具有一定危险性。所以按照系统安全工程观点，安全则是指免遭不可接受的风险伤害。通俗的说，安全就是在人们的生产和生活过程中，生命得到保证，身体、设备、财产不受到伤害。

2. 安全生产是指在生产经营活动中，为避免发生造成人员伤害和财产损失的事故，有效消除或控制危险和有害因素而采取一系列措施，使生产过程在符合规定的条件下进行，以保证从业人员的人身安全与健康，设备和设施免受损坏，环境免遭破坏，保证生产经营活动得以顺利进行的相关活动。

3. "安全第一，预防为主，综合治理"是我国的安全生产方针，是长期安全生产管理实践与经验的总结，是我国对安全生产工作所提出的一个总的要求和指导原则，要搞好安全生产，就必须贯彻执行安全生产方针。

 思考与练习

1. 习近平总书记关于安全生产的"六大要点"与"十句硬话"是什么？
2. 什么是安全、危险、风险、隐患、事故、缺陷、违章、本质安全？
3. 什么是安全生产？安全生产工作方针是什么？
4. 什么是电力安全生产的"四不放过"原则？

第二节　安全法律法规认知

一、安全生产法律法规总体介绍

与安全生产相关的法律法规可以分为两类：一类是国家和上级颁发的有关安全生产的法律、法规、国标、行标、规定、规程、制度、反事故措施等；另一类是本企业制定的保证安全工作的各项规章制度、办法、现场运行规程、检修工艺规程、质量标准等。

目前，国家和政府部门的有关电力安全的法律法规主要概括为：一部法律、两个条例、三个办法。

（1）一部法律指的是《中华人民共和国安全生产法》（以下简称"《安全生产法》"），它是全社会安全生产基础法，是各行各业的法律规范，2014年8月31日修订完成后，自12月1日起施行。

（2）两个条例分别指的是2019年4月1日起施行的《生产安全事故应急条例》（国务院令第708号）和2011年9月1日起开始施行的《电力安全事故应急处置和调查处理条例》（国务院令第599号）。

（3）三个办法包括《中央企业安全生产监督管理暂行办法》（国务院国有资产监督管理委员会令第21号）、《电力安全生产监督管理办法》（国家发展和改革委员会令第21号）、《电力建设工程施工安全监督管理办法》（国家发展和改革委员会令第28号）。

二、安全生产规定

（一）安全责任

1. 企业主要安全生产责任

《安全生产法》第四条　生产经营单位必须遵守本法和其他有关安全生产的法律、法规，加强安全生产管理，建立、健全安全生产责任制和安全生产规章制度，改善安全生产条件，推进安全生产标准化建设，提高安全生产水平，确保安全生产。

《安全生产法》第二十一条　矿山、金属冶炼、建筑施工、道路运输单位和危险物品的生产、经营、储存单位，应当设置安全生产管理机构或者配备专职安全生产管理人员。前款规定以外的其他生产经营单位，从业人员超过一百人的，应当设置安全生产管理机构或者配备专职安全生产管理人员；从业人员在一百人以下的，应当配备专职或者兼职的安全生产管理人员。

《安全生产法》第十三条　依法设立的为安全生产提供技术、管理服务的机构，依照法律、行政法规和执业准则，接受生产经营单位的委托提供安全生产技术、管理服务。生产经营单位委托前款规定的机构提供安全生产技术、管理服务的，保证安全生产的责任仍由本单位负责。

2. 企业主要负责人安全责任

《安全生产法》第五、第十八条　生产经营单位主要负责人对本单位安全生产工作全面负责。生产经营单位的主要负责人对本单位安全生产工作负有下列责任：（一）建立、健全本单位安全生产责任制；（二）组织制定本单位安全生产规章制度和操作规程；（三）组织制定并实施本单位安全生产教育和培训计划；（四）保证本单位安全生产投入的有效实施；（五）督促、检查本单位的安全生产工作，及时消除生产安全事故隐患；（六）组织制定并实施本单位的生产安全事故应急救援预案；（七）及时、如实报告生产安全事故。

《安全生产法》第八十条　生产经营单位发生生产安全事故后，事故现场有关人员应当立即报告本单位负责人。单位负责人接到事故报告后，应当迅速采取有效措施，组织抢救，防止事故扩大，减少人员伤亡和财产损失，并按照国家有关规定立即如实报告当地负有安全生产监督管理职责的部门，不得隐瞒不报、谎报或者迟报，不得故意破坏事故现场、毁灭有关证据。

3. 各级人员和部门安全责任

《安全生产法》第十九条　生产经营单位的安全生产责任制应当明确各岗位的责任人员、责任范围和考核标准等内容。生产经营单位应当建立相应的机制，加强对安全生产责任制落实情况的监督考核，保证安全生产责任制的落实。

《安全生产法》第五十四条　从业人员在作业过程中，应当严格遵守本单位的安全生产规章制度和操作规程，服从管理，正确佩戴和使用劳动防护用品。

4. 安全生产管理机构以及安全生产管理人员安全责任

《安全生产法》第二十二条　生产经营单位的安全生产管理机构以及安全生产管理人员履行下列职责：

（1）组织或者参与拟订本单位安全生产规章制度、操作规程和生产安全事故应急救援预案；

（2）组织或者参与本单位安全生产教育和培训，如实记录安全生产教育和培训情况；

（3）督促落实本单位重大危险源的安全管理措施；

（4）组织或者参与本单位应急救援演练；

（5）检查本单位的安全生产状况，及时排查生产安全事故隐患，提出改进安全生产管理的建议；

（6）制止和纠正违章指挥、强令冒险作业、违反操作规程的行为；

（7）督促落实本单位安全生产整改措施。

（二）安全教育

1．人员资质要求

《安全生产法》第二十四条　生产经营单位的主要负责人和安全生产管理人员必须具备与本单位所从事的生产经营活动相应的安全生产知识和管理能力。

《安全生产法》第二十七条　生产经营单位的特种作业人员必须按规定经专门的安全作业培训，取得相应资格，方可上岗作业。

2．日常培训要求

《安全生产法》第二十五条　生产经营单位应当对从业人员进行安全生产教育和培训，保证从业人员具备必要的安全生产知识，熟悉有关的安全生产规章制度和安全操作规程，掌握本岗位的安全操作技能，了解事故应急处理措施，知悉自身在安全生产方面的权利和义务。未经安全生产教育和培训合格的从业人员，不得上岗作业。生产经营单位接收中等职业学校、高等学校学生实习的，应当对实习学生进行相应的安全生产教育和培训，提供必要的劳动防护用品。生产经营单位应建立安全生产教育和培训档案，如实记录安全生产教育和培训时间、内容、参加人员及考核结果等情况。

《安全生产法》第二十六条　生产经营单位采用新工艺、新技术、新材料或者使用新设备，必须了解、掌握其安全技术特性，采取有效的安全防护措施，并对从业人员进行专门的安全生产教育和培训。

（三）安全投入

《安全生产法》第二十条　生产经营单位应当具备的安全生产条件所必需的资金投入，由生产经营单位的决策机构、主要负责人或者个人经营的投资人予以保证，并对由于安全生产所必需的资金投入不足导致的后果承担责任。有关生产经营单位应当按照规定提取和使用安全生产费用，专门用于改善安全生产条件。安全生产费用在成本中据实列支。

《安全生产法》第四十二条　生产经营单位必须为从业人员提供符合国家标准或者行业标准的劳动防护用品，并监督、教育从业人员按照使用规则佩戴、使用。

（四）应急处置

《安全生产法》第七十八条　生产经营单位应当制定本单位生产安全事故应急救援预案，与所在地县级以上地方人民政府组织制定的生产安全事故应急救援预案相衔接，并定期组织演练。

《生产安全事故应急条例》第六条　生产安全事故应急救援预案应当符合有关法律、法规、规章和标准的规定，具有科学性、针对性和可操作性，明确规定应急组织体系、职责分工以及应急救援程序和措施。

有下列情形之一的，生产安全事故应急救援预案制定单位应当及时修订相关预案：

（1）制定预案所依据的法律、法规、规章、标准发生重大变化；

（2）应急指挥机构及其职责发生调整；

（3）安全生产面临的风险发生重大变化；

（4）重要应急资源发生重大变化；

（5）在预案演练或者应急救援中发现需要修订预案的重大问题；

（6）其他应当修订的情形。

《生产安全事故应急条例》第十七条　发生生产安全事故后，生产经营单位应当立即启动生产安全事故应急救援预案，采取下列一项或者多项应急救援措施，并按照国家有关规定报告事故情况：

（1）迅速控制危险源，组织抢救遇险人员；

（2）根据事故危害程度，组织现场人员撤离或者采取可能的应急措施后撤离；

（3）及时通知可能受到事故影响的单位和人员；

（4）采取必要措施，防止事故危害扩大和次生、衍生灾害发生；

（5）根据需要请求邻近的应急救援队伍参加救援，并向参加救援的应急救援队伍提供相关技术资料、信息和处置方法；

（6）维护事故现场秩序，保护事故现场和相关证据；

（7）法律、法规规定的其他应急救援措施。

（五）安全奖惩

《安全生产法》第九十条　生产经营单位的决策机构、主要负责人或者个人经营的投资人不依照本法规定保证安全生产所必需的资金投入，致使生产经营单位不具备安全生产条件的，责令限期改正，提供必需的资金；逾期未改正的，责令生产经营单位停产停业整顿。

有前款违法行为，导致发生生产安全事故的，对生产经营单位的主要负责人给予撤职处分，对个人经营的投资人处二万元以上二十万元以下的罚款；构成犯罪的，依照刑法有关规定追究刑事责任。

《安全生产法》第九十一条　生产经营单位的主要负责人未履行本法规定的安全生产管理职责的，责令限期改正；逾期未改正的，处二万元以上五万元以下的罚款，责令生产经营单位停产停业整顿。

生产经营单位的主要负责人有前款违法行为，导致发生生产安全事故的，给予撤职处分；构成犯罪的，依照刑法有关规定追究刑事责任。

生产经营单位的主要负责人依照前款规定受刑事处罚或者撤职处分的，自刑罚执行完毕或者受处分之日起，五年内不得担任任何生产经营单位的主要负责人；对重大、特别重大生产安全事故负有责任的，终身不得担任本行业生产经营单位的主要负责人。

《安全生产法》第九十二条　生产经营单位的主要负责人未履行本法规定的安全生产

管理职责，导致发生生产安全事故的，由安全生产监督管理部门依照下列规定处以罚款：

（1）发生一般事故的，处上一年年收入百分之三十的罚款；

（2）发生较大事故的，处上一年年收入百分之四十的罚款；

（3）发生重大事故的，处上一年年收入百分之六十的罚款；

（4）发生特别重大事故的，处上一年年收入百分之八十的罚款。

《安全生产法》第九十三条　生产经营单位的安全生产管理人员未履行本法规定的安全生产管理职责的，责令限期改正；导致发生生产安全事故的，暂停或者撤销其与安全生产有关的资格；构成犯罪的，依照刑法有关规定追究刑事责任。

《安全生产法》第九十四条　生产经营单位有下列行为之一的，责令限期改正，可以处五万元以下的罚款；逾期未改正的，责令停产停业整顿，并处五万元以上十万元以下的罚款，对其直接负责的主管人员和其他直接责任人员处一万元以上二万元以下的罚款：

（1）未按照规定设置安全生产管理机构或者配备安全生产管理人员的；

（2）危险物品的生产、经营、储存单位以及矿山、金属冶炼、建筑施工、道路运输单位的主要负责人和安全生产管理人员未按照规定经考核合格的；

（3）未按照规定对从业人员、被派遣劳动者、实习学生进行安全生产教育和培训，或者未按照规定如实告知有关的安全生产事项的；

（4）未如实记录安全生产教育和培训情况的；

（5）未将事故隐患排查治理情况如实记录或者未向从业人员通报的；

（6）未按照规定制定生产安全事故应急救援预案或者未定期组织演练的；

（7）特种作业人员未按照规定经专门的安全作业培训并取得相应资格，上岗作业的。

《安全生产法》第九十六条　生产经营单位有下列行为之一的，责令限期改正，可以处五万元以下的罚款；逾期未改正的，处五万元以上二十万元以下的罚款，对其直接负责的主管人员和其他直接责任人员处一万元以上二万元以下的罚款；情节严重的，责令停产停业整顿；构成犯罪的，依照刑法有关规定追究刑事责任：

（1）未在有较大危险因素的生产经营场所和有关设施、设备上设置明显的安全警示标志的；

（2）安全设备的安装、使用、检测、改造和报废不符合国家标准或者行业标准的；

（3）未对安全设备进行经常性维护、保养和定期检测的；

（4）未为从业人员提供符合国家标准或者行业标准的劳动防护用品的；

（5）危险物品的容器、运输工具，以及涉及人身安全、危险性较大的海洋石油开采特种设备未经具有专业资质的机构检测、检验合格，取得安全使用证或者安全标志，投入使用的；

（6）使用应当淘汰的危及生产安全的工艺、设备的。

 本节小结

1. 与安全生产相关的法律法规可以分为两类。国家和政府部门的有关法律法规主要概括为：一部法律、两个条例、三个办法。

2. 安全责任、安全教育、安全投入、应急处置、安全奖惩等相关安全生产规定。

 思考与练习

1. 与安全生产相关的法律法规可以分为哪几类？
2. 哪部法律被称为全社会安全生产基础法？

第 二 章

消防安全基础知识

 内容概述

本章包括灭火器的正确使用和火场逃生两个小节。灭火器的正确使用部分主要阐述了火灾类别、灭火基本方法、常用灭火器的使用方法和注意事项、室内消火栓的使用方法、消防应急装备的正确使用；火场逃生部分阐述了消防应急装备的正确使用、火场逃生十二要诀、居民楼火灾的逃生法则。

 学习目标

1. 掌握灭火器和室内消火栓的正确使用方法，能根据火灾类别正确选择灭火器类型，并能正确使用灭火器扑灭初起火灾。

2. 掌握火场逃生的方法，能在发生火灾时，利用身边的消防应急装备（灭火毯、消防自救呼吸器、救生缓降器和强光手电）顺利逃生。

第一节 灭火器的正确使用

当发生初起火灾时，如果火势不大，且未对人造成很大威胁，周围又有足够的灭火器材，如灭火器、灭火毯、消防栓等，应奋力控制、扑灭小火；千万不要惊慌失措地不知如何正确处理，以致小火酿成大灾。

2014 年 12 月 15 日 0 时 20 分左右，河南省长垣县蒲东街道皇冠 KTV 发生火灾。火灾事故共造成 11 人死亡，24 人受伤。

经消防人员初步查明，导致爆燃的可能是放置在吧台的空气清新剂，吧台内一箱空气清新剂受放置在旁边的正在使用的电热器的影响，热胀冷缩，发生爆燃，之后由于工作人员处置不力，没有第一时间用灭火器灭火，导致火灾迅速蔓延，最终小火酿大灾。

一、火灾类别

失去控制的燃烧叫火灾。根据可燃物的类型和燃烧特性将火灾定义为六个不同的类别。

A 类火灾：固体物质火灾，这种固体物质通常具有有机物性质，一般在燃烧时能产生灼热的余烬，如木材、棉、煤、麻、毛、纸张等火灾。

B类火灾：液体火灾或可熔化固体物质火灾，如汽油、柴油、煤油、沥青、石蜡等火灾。

C类火灾：气体火灾，如煤气、甲烷、氢气、天然气等火灾。

D类火灾：金属火灾，如钾、钠、镁、钛、锆、锂、铝镁合金等火灾。

E类火灾：带电火灾，即物体带电燃烧的火灾。

F类火灾：烹饪器具内的烹饪物（如动植物油脂）火灾。

二、灭火基本方法

灭火是将灭火剂直接喷射到燃烧的物体上，破坏物质燃烧时必须具备的一个或几个条件，从而使燃烧反应停止。或者是将灭火剂喷洒在火源附近的物质上，使其不因火焰热辐射作用而形成新的火点。

（一）冷却灭火法

冷却灭火法的原理是将灭火剂直接喷射到燃烧的物体上，以降低温度使其处于燃点以下，使燃烧停止。冷却灭火法是一种常用的灭火方法，常用水和二氧化碳作灭火剂灭火。灭火剂在灭火过程中不参与燃烧过程中的化学反应，这种方法属于物理灭火方法，具体方法如下：

（1）用水喷洒冷却。

（2）往燃烧物上喷泡沫。

（3）往燃烧物上喷二氧化碳等。

（二）隔离灭火法

隔离灭火法是将正在燃烧的物质和周围未燃烧的可燃物质分隔开，中断可燃物质的供给，使燃烧因缺少可燃物而停止，具体方法如下：

（1）把火源附近的可燃、易燃、易爆和助燃物品搬走。

（2）断绝燃烧气体、液体的来源，关闭可燃气体、液体管道的阀门，以减少和阻止可燃物质进入燃烧区。

（3）设法阻拦流散的易燃、可燃液体，抽走未燃烧的液体或放入事故槽，放空未燃烧的气体。

（4）拆除与火源相连的易燃建筑物、设备等，形成防止火势蔓延的隔离带。

（三）窒息灭火法

窒息灭火法是阻止空气流入燃烧区或用不燃气体冲淡空气，使燃烧物得不到足够的氧气而熄灭的灭火方法，具体方法如下：

（1）用沙土、石棉毯、湿棉被等不燃或难燃物质覆盖燃烧物。

（2）用水蒸气或氮气、二氧化碳等惰性气体灌注发生火灾的容器、设备。

（3）密闭起火建筑、设备和孔洞。

（四）抑制灭火法

将有抑制作用的化学灭火剂喷射到燃烧区，使之参与燃烧的化学反应，从而使燃烧反应终止。目前使用的干粉灭火剂属此类灭火剂。

三、灭火器的分类

（一）按移动方式分类

各种灭火器按其移动方式可分为手提式和推车式两种。手提式灭火器指能在其内部压力作用下，将所装的灭火剂喷出以扑救火灾，并可手提移动的灭火器具。推车式灭火器指装有轮子的可由一人推（或拉）至火场，并能在其内部压力作用下，将所装的灭火剂喷出以扑救火灾的灭火器具。

（二）按充装的灭火剂分类

灭火器按其充装的灭火剂可分为水基型灭火器（包括水型灭火器和泡沫型灭火器，水型包括清洁水或带添加剂的水，如湿润剂、增稠剂、阻燃剂或发泡剂等）、干粉灭火器、二氧化碳灭火器和洁净气体灭火器。洁净气体是指非导电的气体或汽化液体的灭火剂，这种灭火剂能蒸发，不留残余物。目前洁净气体灭火器主要是由六氟丙烷做灭火剂的。

（三）按驱动灭火器的压力形式分类

灭火器按其驱动灭火器的压力形式可分为储气瓶式灭火器和储压式灭火器。储气瓶式灭火器是指由灭火器的储气瓶释放的压缩气体或液化气体的压力驱动的灭火器。储压式灭火器是指灭火剂由储于同一容器内的压缩气体或灭火剂蒸汽压力驱动的灭火器。

四、常用灭火器的使用方法和注意事项

扑救初起火灾常用的灭火器有干粉灭火器、二氧化碳灭火器和水基型灭火器。

（一）干粉灭火器

1. 适用场所

干粉灭火器内装干燥的、易于流动的微细固体粉末，由具有灭火效能的无机盐基料和防潮剂、流动促进剂、结块防止剂等添加剂组成，利用高压二氧化碳气体或氮气气体作动力，将干粉喷出后以粉雾的形式灭火。其中BC型干粉灭火器主要内充碳酸氢钠或同类基料的干粉灭火剂，适用于扑灭可燃液体、可燃气体和带电的B类火灾，不适用于可燃固体火灾、金属和自身含有供氧源的化合物火灾。ABC型干粉灭火器主要内充磷酸铵盐基料的干粉灭火剂，适用于扑灭可燃固体火灾、可燃液体火灾、可燃气体火灾、电气火灾，不适用于金属和自身含有供氧源的化合物火灾，中高压电气火灾和旋转电机火灾需要先切断电源。

干粉灭火器具有灭火种类多、效率高、价格便宜和灭火迅速等特点，因此得到广泛应用。特别是磷酸铵盐ABC型干粉灭火器在电厂中运用最广泛，但对精密仪器或设备存在残留污染。

2. 手提式干粉灭火器使用方法和注意事项

（1）灭火时，可手提或肩扛灭火器快速奔赴火场，在距燃烧处3米左右，放下灭火器，如在室外，应选择在上风方向喷射。

（2）使用前可将灭火器颠倒晃动几次，使筒内干粉松动，然后拔下保险销，一手握住喷射软管前端喷嘴根部，另一只手用力按下压把，干粉即可喷出，然后迅速对准火焰的根部扫射，操作步骤如图2-1所示。

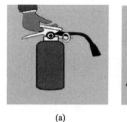 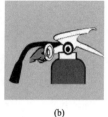  

(a)　　　　　　　(b)　　　　　　　(c)　　　　　　　(d)

图 2-1　干粉灭火器的使用方法

(a) 提起灭火器；(b) 拔掉保险销；(c) 瞄准火源根部；(d) 用力压下压把

（3）在使用时，一手应始终压下压把，不能放开，否则会中断喷射。

3. 推车式干粉灭火器使用方法

（1）一人取下喷枪，展开喷带，注意喷带不能折弯或打圈。

（2）另一人拔出保险销，向上提起手柄到正冲上位置。

（3）对准火焰根部，扫射推进，注意不放过死角以防止复燃。

（二）二氧化碳灭火器

二氧化碳灭火器利用内部充装的液态二氧化碳的蒸气压力将二氧化碳喷出灭火。

1. 适用场所

二氧化碳灭火剂是一种最常见的灭火剂，价格低廉，获取、制备容易。加压液化后的二氧化碳充装在灭火器钢瓶中，20 摄氏度时钢瓶内的压力为 6 兆帕。灭火时液态二氧化碳从灭火器喷出后迅速蒸发，变成固体状干冰，其温度为 −78℃。固体干冰在燃烧物体上迅速挥发成二氧化碳气体，依靠窒息作用和部分冷却作用灭火，无残留痕迹，不污染环境，不导电。

因此，适宜于扑救 600 伏以下的带电电器、贵重设备、图书资料、仪器仪表等场所的初起火灾，以及一般可燃液体和气体的火灾，但不适用于固体火灾、金属火灾和自身含有供氧源的化合物火灾。

2. 使用方法及注意事项

（1）使用手提式二氧化碳灭火器时，先拔掉保险销，然后一手握住喇叭筒根部，另一手按下压把，从火源斜上方向下喷射，喷出二氧化碳灭火。

（2）为防止手被冻伤，不能直接用手抓住喇叭筒外壁或金属连接管，需戴手套或用衣物垫着握住喇叭筒。

（3）在室外使用二氧化碳灭火器时，人应站在上风位置喷射。在室内窄小空间使用时，一旦火被扑灭，操作者应迅速离开，以防窒息。

（三）水基型灭火器

水基型灭火器的灭火剂分为水成膜泡沫灭火剂和清水（或带添加剂的水）两种，泡沫灭火剂具有发泡倍数和 25% 析液时间要求，能够在液体燃料表面形成一层抑制可燃液体蒸发的水膜，并加速泡沫的流动，具有操作方便、灭火效率高、灭火迅速、使用时不需倒置、有效期长、抗复燃、双重灭火和无毒无污染等优点。

1. 适用场所

水基型灭火器主要适用于扑救固体火灾、非水溶性可燃液体火灾，特别是石油制品的初起火灾，与干粉灭火器联用，灭火效果更好。水基型灭火器是企业、工厂、油田、油库、船舶等场所最良好的灭火器材，是一种新型高效灭火器。它不适用于扑救水溶性可燃液体、气体、电气和轻金属火灾。但自 2008 年，我国开始推广新的水基型水雾灭火器，因其以雾化水形式出现，灭火机理为冷却、窒息，适用于固体（A 类）、液体（B 类）、气体（C 类，但需切断气源后灭火）、电气（E 类）和厨房油类（F 类）火灾，灭火效果好，不易二次复燃。

2. 手提式水基灭火器的使用方法和注意事项

（1）使用时先拔出保险销，按下压把，灭火剂立即喷出，将喷嘴对准火焰根部横扫，迅速将火焰扑灭。

（2）使用水基型泡沫灭火器时，注意不得将喷枪的进气孔堵塞，以免影响发泡倍数和灭火效果。

（3）灭油火时，不要直接冲击油面，以免油液激溅引起火焰蔓延。

（4）使用时应垂直操作，切勿横卧或倒置。

（四）灭火器的维修和报废期限

必须注意，使用任一种灭火器前，先检查是否在有效期内。由于灭火器筒体内部充有驱动气体，因此使用时会有一定的危险性。坚持灭火器的定期维修和到期报废，就是为了保障灭火器的安全使用。灭火器的维修期限和报废期限应符合表 2-1 规定。灭火器过期、损坏或检验不合格者，即使灭火器未曾使用过，也均应及时报废、更换。

表 2-1　　　　　　　　　　灭火器的维修和报废期限

灭火器类型	维修期限	报废期限
水基型灭火器	出厂期满 3 年；首次维修以后每满 1 年，不超 3 次	6 年
干粉灭火器	出厂期满 5 年；首次维修以后每满 2 年，不超 3 次	10 年
洁净气体灭火器	出厂期满 5 年；首次维修以后每满 2 年，不超 3 次	10 年
二氧化碳灭火器	出厂期满 5 年；首次维修以后每满 2 年，不超 4 次	12 年

使用干粉灭火器、水基型灭火器和洁净气体灭火器前要检查压力表指针指示是否正常。如果指针指在红色区域，表示压力过低，需要更换或再充装；如果指针指在绿色区域，表示压力正常，灭火器可以正常使用；而如果指针指在黄色区域，则表示压力过大超充装，可以喷出灭火剂，但却有爆破、爆炸的危险，这样的灭火器要拿到正规的消防器材店重新充装。

五、室内消火栓的使用方法

在建筑的公共部位，通常都设有室内消火栓。室内消火栓组成如图 2-2 所示，包括消防卷盘、水枪、消防水带、消火栓阀等。

（一）消防卷盘

消防卷盘使用方法简单、方便，适用于单人扑救初起火灾。使用消防卷盘时，打开消火栓箱，再打开消防卷盘的阀门，拖着卷盘奔向着火位置，最后打开卷盘的出水阀，对准起火部位喷射。

（二）消火栓

使用消火栓时，通常由两个人一起操作，且应经过专门训练方可使用。按下消火栓箱上或附近的报警按钮，打开消火栓箱，其中一人接上消防水带和水枪奔向起火点，对准着火部位准备稳妥后；另一人负责打开消火栓阀，水就开始向着火部位喷射。需要注意的是在出水前一定要紧握水枪，并保证水带不互相缠绕，以免对使用者造成伤害。

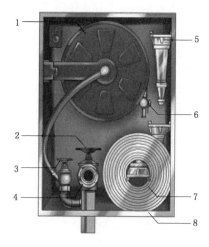

图 2-2 室内消火栓组成
1—消防卷盘；2—消火栓阀；3—消防卷盘阀门；
4—消火栓；5—水枪；6—出水阀；
7—消防水带；8—室内消火栓箱

 本节小结

1. 火灾分为 A（固体物质火灾）、B（液体或可融化的固体物质火灾）、C（气体火灾）、D（金属火灾）、E（带电火灾）、F（烹饪器具内的烹饪物火灾）六类。

2. 灭火的基本方法有冷却灭火、隔离灭火、窒息灭火和化学抑制法。

3. 灭火器按其移动方式可分为手提式和推车式两种；按充装的灭火剂可分为水基型灭火器、干粉灭火器、二氧化碳灭火器和洁净气体灭火器；按驱动灭火的压力型式可分为储气瓶式灭火器和储压式灭火器。

4. 灭火器使用前，先检查是否在有效期内。使用干粉灭火器、水基型灭火器和洁净气体灭火器前要检查压力表指针指示是否正常，即是否在绿色区域内。灭火器的操作要领是提、拔、瞄、压。使用灭火器时，操作人员应站在火源的上风方向。

5. BC 型干粉灭火器主要适用于扑灭可燃液体、可燃气体和带电的 B 类火灾；ABC 型干粉灭火器适用于扑灭可燃固体火灾、可燃液体火灾、可燃气体火灾、电气火灾；二氧化碳灭火器适宜于扑救 600 伏以下的带电电器、贵重设备、图书资料、仪器仪表等场所的初起火灾，以及一般可燃液体和气体的火灾；水基型灭火器主要适用于扑救固体火灾，非水溶性可燃液体火灾特别是石油制品的初起火灾；水基型水雾灭火器适用于扑灭固体、液体、气体、电气（E 类）和厨房油类火灾。

6. 消防卷盘使用方法：打开消火栓箱，再打开消防卷盘的阀门，拖着卷盘奔向着火位置，最后打开卷盘的出水阀，对准起火部位喷射。消火栓通常由两个人一起操作，且应经过专门训练方可使用。

 思考与练习

1. 火灾分为哪几类？

2. 灭火的基本方法有哪几种?

3. 灭火器按充装的灭火剂可分为哪四类?

4. 简述灭火器的使用方法和注意事项。

5. 简述消防卷盘的使用方法。

6. 干粉灭火器、二氧化碳灭火器和水基型灭火器分别适用于扑灭什么类型的火灾?

第二节 火 场 逃 生

面对火灾,有的人可以火场逃生,有的人却丧失生命。看下面两个不同案例。

【案例 1】郑州西关虎屯小区火灾死亡 15 人,再次警示火灾逃生知识缺乏。

2015 年 6 月 25 日 2 时 45 分许,郑州市金水区西关虎屯新区 4 号楼 2 单元 1 层楼梯间发生火灾,造成 15 人死亡、2 人受伤,过火面积 4 平方米,直接经济损失 996.8 万元。消防支队披露的火灾现场显示,在死亡的 15 人中,只有 1 名死者是在一楼被火烧而亡,其余 14 人都是在楼梯间的第三四层间,窒息昏倒后被火灼伤而亡。

消防队员分析认为,楼梯间用户接线箱内电气线路单相接地短路,引燃箱内存放的纸张等可燃物,继而烧着了堆积在楼道里的杂物,产生的大量有毒气体沿楼梯间向上冒。租住在顶层七楼的 17 位某酒店女员工因下班晚,尚未休息,发现了火情,在不明火情情况下盲目逃生,纷纷拉着箱子、提包强行穿越充满高温有毒烟气的楼梯间向楼下跑。跑到三四楼间相继被毒烟熏倒,发生窒息,有的继而被火和热浪灼伤。

在这次火灾事故中,居住在其他楼层十几户居民未发生任何伤亡。消防人员提醒,如果具备一定的火灾逃生知识,应该先报火警,用毛巾等把门缝塞住,防止有毒的烟进入。即使逃生,也要用湿毛巾捂住口鼻,采取防护措施。而这 17 名女生不仅未采取任何防护措施,还拎着大包小包往火里冲,缺乏基本的火灾自救逃生常识,造成了如此惨痛的悲剧。

【案例 2】家中突发大火,10 岁姐姐带着 4 岁妹妹教科书级自救。

2020 年 3 月 17 日晚上 10 点,四川平昌县某小区一住户家中卧室突发大火,10 岁的姐姐发现屋内起火后,立刻带着 4 岁的妹妹准备从防盗门逃出去,但防盗门已经反锁无法打开。姐姐并没有慌,迅速跑到客厅的窗户,对外大声呼救。呼救后,她带上妹妹一起躲进卫生间。同时,立即关闭卫生间的门,然后再打开卫生间的窗户,让密闭空间的空气流通,防止因进入浓烟而导致缺氧,紧接着打开淋浴喷头,对准门缝喷水,有效地阻止明火浓烟蔓延进来。没多久消防救援人员抵达了现场,姐妹俩成功获救。原来,姐姐的学校曾组织过同学们到消防救援大队学习自救课程和模拟演练相关消防救援知识,没想到在此刻,真的派上了用场!

从上面两个案例可以看出,面对滚滚浓烟和熊熊烈焰,如果缺乏基本的火灾自救逃生常识,有可能丧失生命,而如果冷静机智运用火场自救与逃生知识,就有极大可能拯救自己。因此,掌握一些火场自救的知识和技能,困境中方能平安获救。

一、消防应急装备的正确使用

1. 灭火毯的正确使用

灭火毯主要采用防火不燃纤维如玻璃纤维等材料，经特殊工艺处理后加工而成，主要用于企业、商场、船舶、汽车、民用建筑物等场合的一种常见的消防器材，特别适用于家庭和饭店的厨房、宾馆、娱乐场所、加油站等一些容易着火的场所，防止火势蔓延以及防护逃生用。在火灾初始阶段，能以最快速度隔氧灭火，控制灾情蔓延，如可用于扑灭油锅火；还可以在身陷火场时，将灭火毯披裹在身上逃生。

灭火毯使用方法如下：

（1）当发生火灾时，快速取出灭火毯，双手握住两根黑色拉带。

（2）将灭火毯轻轻抖开，作为盾牌状拿在手中。

（3）将灭火毯轻轻地覆盖在火焰上，同时切断电源或气源。

（4）待着火物体熄灭，并于灭火毯冷却后，将毯子裹成一团，作为不可燃垃圾处理。

（5）如果人身上着火，将毯子抖开，完全包裹于着火人身上扑灭火源，并迅速拨打急救电话120。

（6）火场逃生：将灭火毯披裹在身上并戴上防烟面罩，迅速脱离火场，减小被烧伤的危险。

灭火毯与水基型、干粉型灭火器相比较，具有以下明显优势：

（1）没有失效期。

（2）在使用后不会产生二次污染。

（3）绝缘、耐高温。

（4）便于携带，配置简单，能够快速使用，无破损时能够重复使用。

灭火毯使用注意事项如下：

（1）应放置于方便易取之处（例如室内门背后、床头柜内、厨房墙壁、汽车后备厢等），并熟悉使用方法。

（2）每12个月检查一次灭火毯。

图2-3 过滤式消防自救呼吸器

1—头罩；2—大眼窗；3—不锈钢滤毒罐；

4—可调一点式带扣；5—纯棉阻燃脖套

（3）如发现灭火毯有损坏或污染立即更换。

（4）火焰熄灭后不要马上揭开灭火毯，以防复燃。

2. 过滤式消防自救呼吸器

过滤式消防自救呼吸器（图2-3）是绝大多数室内场所发生火灾时最佳逃生用品之一。发生火灾时，真正被火烧死的并不多，大多数都死于烟熏中毒，因此过滤式消防自救呼吸器是企事业单位及家庭发生火灾事故时，必备的个人防护呼吸保护装置。

过滤式消防自救呼吸器使用方法如下：

（1）打开盒盖，取出真空包装袋。

（2）撕开真空包装袋，拔掉前后二个罐塞。

（3）戴上头罩，向下拉至颈部，拉紧头带。

（4）选择路径，果断逃生。

过滤式消防自救呼吸器使用注意事项如下：

（1）备用时应定期进行逃生使用演练，以免发生火灾时影响正常快速逃生。

（2）自救呼吸器只供个人逃生自救且一次性使用。

（3）备用状态时，环境温度应为 0～40 摄氏度，周边无热源，易燃、易爆及腐蚀性物品，通风应良好，无雨淋及潮气侵蚀。

（4）自救呼吸器不能在氧气浓度低于 17％ 的环境中使用。

（5）备用时真空包装袋不可撕破，否则视为呼吸器已失效不能再使用。

3. 救生缓降器的正确使用

高楼着火并不可怕，可怕的是没有掌握逃生知识，没有配备必要的高楼逃生器材。救生缓降器是家庭推荐配备的重要的高楼逃生器材，是供人员随绳索靠自重从高处缓慢下降的紧急逃生装置，主要由绳索、安全带、速度控制器、安全钩、绳索卷盘等组成，可反复使用。

救生缓降器的使用方法如下：

（1）取出缓降器，把安全钩挂于预先安装好的固定支架上或任何稳固的支撑物上。

（2）将绳索卷盘顺室外墙面投向地面，以保证绳索顺利展开至地面。

（3）将安全带套于腋下，拉紧滑动扣至合适的松紧位置。

（4）不要抓上升的缓降绳索，而是手抓安全带面朝墙壁缓降着落，缓降器会匀速安全地将人员送往地面。

（5）落地后，松开滑动扣，脱下安全带，离开现场。

4. 强光手电的正确使用

强光手电又称 LED 强光手电筒，具有省电、耐用、亮度高等优点。强光手电充电 5～8 小时，就可以间断使用大约 3 个月。在遇到紧急情况特别是黑暗或者浓烟的状态下时，可利用强光手电进行呼救和示警。

强光手电的使用方法十分简单，第一次按下开关为强光，第二次为特强光，第三次为闪光警示，第四次为关灯。

带声光报警功能的强光手电，具有火灾应急照明和紧急呼救功能，在火场浓烟以及黑暗环境下可用于人员疏散照明和发出声光呼救信号。

二、火场逃生十二要诀

第一诀：发现火情，及时报警

《中华人民共和国消防法》第四十四条规定：任何人发现火灾都应当立即报警。任何单位、个人都应当无偿为报警提供便利，不得阻拦报警。严禁谎报火警。"报警早，损失少"，牢记火警电话"119"。报警时要说清楚火灾地点、火势情况、燃烧物和大约数量范围、有无人员被困、有无爆炸和毒气泄漏、报警人姓名和电话号码等，并一定不能先挂电话，待对方明确说明可以挂断电话时，方可挂断电话。

第二诀：熟悉环境，暗记出口

就是要了解和熟悉我们经常或临时所处建筑物的结构及逃生路径。对我们工作或居住的建筑物，事先可制订较为详细的逃生计划，以及进行必要的逃生训练和演练。对计划确定的逃生出口、路线和方法，都要熟悉掌握，一旦发生火灾，则按逃生计划顺利逃出火场。当外出走进商场、宾馆、歌舞厅等公共场所时，要留心查看疏散通道、安全出口、灭火器的位置，以便遇到火灾时能及时疏散和灭火。只有警钟长鸣，养成习惯，才能处险不惊，临危不乱。

第三诀：通道出口，畅通无阻

楼梯、通道、安全出口等是火灾发生时最重要的逃生之路，应保证畅通无阻，切不可堆放杂物或设闸上锁，以便紧急时能安全迅速地通过。《中华人民共和国消防法》第二十八条规定：任何单位、个人不得损坏、挪用或者擅自拆除、停用消防设施、器材，不得埋压、圈占、遮挡消火栓或者占用防火间距，不得占用、堵塞、封闭疏散通道、安全出口、消防车通道。人员密集场所的门窗不得设置影响逃生和灭火救援的障碍物。

第四诀：保持镇静，明辨方向

突遇火灾，面对浓烟和烈火，首先要强令自己保持镇静，根据你所处的位置以及着火点的位置和烟气蔓延的方向，迅速判断危险地点和安全地点，决定逃生的办法，并尽快撤离险地。千万不要盲目地跟从人流乱冲乱窜。撤离时要尽量往楼层下面跑，但若通道已被烟火封阻，则应背向烟火方向离开，通过阳台、气窗、天台等往室外逃生。

第五诀：不入险地，不贪财物

在火场中，人的生命是最重要的。身处险境，应尽快撤离，不要因害羞或顾及贵重物品，而浪费了最佳逃生时间。已经逃离险境的人员，更不要重返险地，自投罗网。

第六诀：简易防护，蒙鼻弯腰

逃生时经过充满烟雾的路线，要防止烟雾中毒和预防窒息。烟气较空气轻而飘于上部，正确的逃生方式是在烟气层下行进。烟气层离逃生者头顶有较大距离时，逃生者可以直立疾走；扩散到头部的高度时，应弯腰低姿行进，扩散到胸部高度时，应匍匐行进，扩散到更低时，人们只能留在户门内固守，等待消防队救援。为了防止火场浓烟中毒，还要加以防护，有过滤式消防自救呼吸器戴上最好，没有的话可以用湿毛巾折叠八层捂住口鼻，也能达到一定的防护效果。值得注意的是一定要用湿毛巾将口鼻捂严，穿越烟雾区时，即使感到呼吸困难，也不能将毛巾从口鼻上拿开。当要穿过火势不猛的着火地带时，可向头部、身上浇冷水或用灭火毯、湿毛巾等将头、身裹好，口鼻捂好再冲过去。

第七诀：善用通道，莫入电梯

按规范标准设计建造的建筑物，都会有两条以上逃生楼梯、通道或安全出口。发生火灾时，要根据情况选择进入相对较为安全的楼梯通道。除可以利用楼梯外，还可以利用建筑物的阳台、窗台等攀到周围的安全地点，沿着落水管、避雷线等建筑结构中凸出物滑下楼也可脱险。在高层建筑火灾时，电梯会随时断电或因受热变形而使人被困在电梯内，同时由于电梯井犹如贯通的烟囱般直通各楼层，导致烟雾直接威胁被困人员的生命。因此，千万不要乘普通的电梯逃生。

第八诀：火已及身，切勿惊跑

如果发现身上着火，千万不可惊跑或用手拍打，因为这样会加速空气的补充，促旺火势。当身上衣服着火时，应赶紧设法脱掉衣服，或者就地打滚压灭火苗；如能跳进水中或让人向身上浇水也可有效灭火。

第九诀：避难场所，固守待援

假如用手摸房门已感到烫手，此时切不可开门，否则火焰与浓烟势必会冲进房内。这时可采取创造避难场所、固守待援的办法。首先应关紧迎火的门窗，打开背火的门窗，用湿毛巾或湿布塞堵门缝或用水浸湿棉被蒙上门窗；然后不停泼水降温，防止烟火渗入，固守在房内，直到救援人员到达。

第十诀：缓晃轻抛，寻求援助

被烟火围困暂时无法逃离的人员，千万不可钻到床底下、衣橱内等试图躲避火焰和烟雾，而应尽量待在阳台、窗口等易于被人发现和能避免烟火近身的地方。在白天，可以向窗外晃动鲜艳衣物，或外抛轻型晃眼的东西；在晚上可以用手电筒不停地来回照射或者敲击能发出声响的东西，及时发出有效的求救信号，引起救援者的注意。因为消防人员进入室内都是沿墙壁摸索行进，所以在被烟气窒息失去自救能力时，应努力滚到墙边或门口，以便于消防人员寻找、营救；此外，滚到墙边也可防止房屋塌落砸伤自己。

第十一诀：缓降逃生，滑绳自救

高层、多层公共建筑内一般都设高空缓降器或救生绳，人员可以通过这些设施安全地离开危险的楼层。如果没有这些专门设施，而安全通道又已被堵，救援人员不能及时赶到的情况下，你可以迅速利用身边的绳索或床单、窗帘、衣服等自制简易救生绳，并用水打湿从窗台或阳台沿绳缓滑到下面楼层或地面，安全逃生。

第十二诀：迫不得已，跳楼有术

身处火灾烟气中的人，精神上往往极端紧张或接近崩溃，惊慌的心理极易导致不顾一切的跳楼行为。应该注意的是：只有消防队员准备好救生气垫或楼层不高（一般 3 层以下），非跳楼即烧死的情况下，才采取跳楼的方法。即使已没有任何退路，若生命还未受到严重威胁，也要冷静地等待消防人员的救援。跳楼也要讲技巧，跳楼时应先将沙发垫、被子等软物抛到楼底，再从窗口跳至软物上逃生；或尽量往救生气垫中部跳或选择有水池、软雨篷、草地等方向跳。如果徒手跳楼一定要扒窗台或阳台使身体自然下垂跳下，以尽量降低垂直距离，落地前要双手抱紧头部身体弯曲卷成一团，以减少伤害。跳楼虽可求生，但会对身体造成一定的伤害，所以要慎之又慎。

最后提醒：火场形势瞬息万变，火场能不能成功逃生取决于一个人是否有过硬的心理素质和娴熟的逃生自救技能。平时要设想各种意外情况并进行必要的演练，这样当火灾发生时就能备而不乱成功逃生了。

三、居民楼里发生火灾的逃生法则

（1）如果是外墙保温材料起火，则应立刻逃生。住宅楼的外墙保温材料起火的火灾，火势发展得很快，可能在短时间内导致整栋楼着火，消防队很难从建筑物外救人、灭火，这种火灾往往会持续较长的时间。然而，在外墙保温材料起火后的一段时间里，由于烟气主要从建筑物外向建筑物内蔓延，处于大楼中间的楼梯间里烟气并不大，有利于居民逃生，有常闭防火门的高层住宅尤其如此。注意常闭式防火门平时应处于关闭状态。这里介绍两个外墙着火的案例。2010年11月15日，上海静安区胶州路的一幢高层住宅因外墙施工违章电焊造成火灾，整栋楼都被大火包围着，大火导致58人遇难。当时在楼内的一名高中女生由于缺乏消防常识，不知所措，就打电话给正在上班的父亲求救。父亲教她躲到卫生间里，关上门等待消防队救援，这显然是错误的选择。女生照办，白白错过下楼逃生的时机，不幸在卫生间里遇难。同样的还有2017年6月的伦敦高层公寓楼火灾，4层住户冰箱故障引发室内火灾，火灾通过窗户蔓延到公寓室外，引燃外墙保温材料，发展成立体火灾，火势蔓延迅速，短短15分钟，大火就从4楼窜到了楼顶。在这两起外墙保温材料着火的案例中，立即逃生的都是正确的选择，而固守待援只能白白送命。

（2）自己家中发生火灾，首先应进行自救，防止小火变大灾，自救的同时向物业、消防报警，提醒周围邻居；如火舌几乎达到顶棚时则说明火灾已进入猛烈燃烧阶段，就要冲出房门并关门逃生。

（3）如果邻居家失火或楼道被烟雾笼罩时，则应退回房中，用湿床单堵住门缝防烟。居民楼每一户都是一个独立的防火单元，户与户之间的墙体为防火隔墙，水平方向的防火很到位，入户门和窗户防火功能虽然不如防火墙，只要不拆买房时自带的防火门，大火面前也能顶上好一阵。

尤其楼道、楼梯间被浓烟封锁时不能逃，只要在家里固守待援就行了。在过去几年里，我国发生了多起过火面积不大但造成多人死亡的火灾事故，死亡原因基本上都是在逃生途中烟气的毒性、高温等造成的。在这种情况下，即使佩戴消防过滤式自救呼吸器，也不能安全逃生，因为它防护不了高温和缺氧。所以遇到高温浓烟关门待援是最好的办法，在那么多起这类火灾案例中，还没有发生过火灾烟气突破户门造成居民伤亡的情况。

（4）如果是楼下相同位置住户发生火灾，则应移走窗户处所有可燃物，关闭门窗逃生。

注意：每一起火灾都具有其独特性，逃生还是固守待援需要根据火灾情况综合判定；已发生的火灾伤人案例绝大部分都发生在夜间，火灾预警不及时，是造成人员伤亡的重要原因，建议家中安装独立式火灾探测器，能够及时发现火情，并采取措施及时自救避险。

 本节小结

1. 灭火毯、过滤式消防自救呼吸器、救生缓降器和强光手电的正确使用方法和使用注意事项。

2. 火场逃生十二要诀：发现火情，及时报警；熟悉环境，暗记出口；通道出口，畅通无阻；保持镇静，明辨方向；不入险地，不贪财物；简易防护，蒙鼻弯腰；善用通道，莫入电梯；火已及身，切勿惊跑；避难场所，固守待援；缓晃轻抛，寻求援助；缓降逃生，滑绳自救；迫不得已，跳楼有术。

3. 居民楼火灾逃生四个法则。

思考与练习

1. 怎么正确使用灭火毯、过滤式消防自救呼吸器、救生缓降器和强光手电？

2. 你家住几层？总共多少层？制订逃生路线了吗？

3. 楼梯间有门吗？能保持常闭吗？消防通道通畅吗？

4. 根据你家的具体情况，分别制订外墙保温材料起火、楼下起火、楼上起火、自己家中着火的逃生方案。

5. 自己身上着火，该怎么办？

6. 火场逃生十二诀的主要内容是什么？

第 三 章

现场应急救护

 内容概述

　　本章包括应急救护概论、触电急救和创伤急救三个小节。应急救护概论部分阐述了现场应急救护目的、原则和程序；触电急救部分阐述了触电急救的原则、流程、脱离电源的方法，重点介绍心肺复苏法的意义及操作要领；创伤急救部分阐述了现场创伤急救的基本急救技术，包括常见创伤的止血方法、包扎方法、现场固定与搬运技术。

 学习目标

1. 了解应急救护的目的、原则、程序。
2. 了解电流对人体的伤害及影响因素。
3. 明确触电急救的原则和流程。
4. 掌握脱离电源的方法。
5. 能正确判断伤员症状并采取相应的救护措施。
6. 掌握心肺复苏法的技术要领。
7. 掌握指压止血法、布料止血带操作，以及绷带和三角巾的常用包扎方法。

第一节　应 急 救 护 概 论

一、现场应急救护目的

（一）挽救生命

在危险现场，采取急救措施，进行紧急救护的首要目的是挽救伤员的生命。

（二）防止恶化

现场应急救护应尽可能防止伤病继续发展和产生继发损伤，以减轻伤残，减少死亡。

（三）促进恢复

救护要有利于伤病的后期治疗及伤病员身体和心理的康复。

二、现场应急救护原则

（一）保证安全

发生事故的现场可能存在危险因素，救护员进入现场，首先要考虑现场环境是否安全。

1. 现场可能存在的危险因素

（1）交通事故中受损的汽车有可能起火、爆炸或再次倾覆。

（2）脱落的高压电线或其他带电物体会再次导致人身触电。

（3）化学物质、腐蚀性物质、放射性物质的泄漏。

（4）地震后的建筑物倒塌，余震的发生。

（5）有毒气体（如一氧化碳）泄漏等。

2. 现场的安全防护措施

（1）对于交通事故中受损的汽车，应关闭其发动机，防止起火爆炸；同时要拉起手刹，防止车辆滑动；在车后位置放置警示标志。

（2）抢救触电者时，要首先设法切断电源。

（3）创伤急救时应戴防护手套，必要时应穿防护服。

（4）在室外遇到雷雨天时，要避开高压线、大树，不要使用手机。

（二）防止感染

应急救护时要做好个人防护及伤病员的保护。

（1）救护员在处理伤病员的伤口前应洗手，戴医用（乳胶）手套。如果没有医用手套，也可用塑料袋代替。

（2）有条件时要戴口罩。

（3）处理有大量出血的外伤时应戴防护眼镜或防护罩。

（4）在进行人工呼吸时，要使用呼吸面膜或呼吸面罩。

（三）及时、合理救护

现场如果伤病员较多，救护员应根据先救命、后治伤的原则进行救护。

（1）如果现场安全，不宜移动伤势较重的伤病员；如果现场存在危险因素，应将伤病员转移到安全的地点再进一步救护，避免造成二次伤害。

（2）伤势较重的伤病员避免进食、进水，以免造成窒息。

（四）心理支持

伤病员由于发生疾病或受到意外伤害，常会出现情绪紊乱，救护员要关心和理解伤病员的情感，采取保护伤病员的措施。

三、现场应急救护的程序

应急救护时，要在环境安全的条件下，迅速、有序地对伤病员进行检查和采取相应的救护措施。

（一）评估环境

在事故现场，救护员要冷静地观察周围，判断环境是否存在危险，必要时采取安全保护措施或呼叫救援。只有在确保伤病员、救护员及现场其他人员安全的情况下才能进行救护。

（二）初步检查和评估伤（病）情

见本章第二节触电急救。

（三）呼救

发现伤病员伤情严重时，应及时拨打急救电话120（北京市为120或999）。拨打急救电话后，要清楚地回答急救中心接线员的提问，并简短说明一下情况。如伤病员所在的具体地点，最好说明该地点附近的明显标志；伤病员的人数；伤病员发生伤病的时间和主要表现；可能发生意外伤害的原因；现场联系人的姓名和电话号码。当拨通急救电话后，如果不知道该说什么，一定要清楚准确地回答电话接听者的问话，并等接听者告诉可以结束时，再挂断电话。

本节小结

1. 现场应急救护目的：挽救生命、防止恶化、促进恢复。
2. 现场应急救护原则：保证安全、防止感染、及时、合理救护、心理支持。
3. 现场应急救护的程序：评估环境、初步检查和评估伤（病）情、呼救。

思考与练习

1. 现场应急急救的原则是什么？
2. 现场应急急救的具体步骤有哪些？

第二节　触　电　急　救

一、电流对人体的伤害

（一）伤害形式

电流对人体的伤害形式主要有两种：电击和电伤。

1. 电击

电流流过人体时，对人体内部器官造成的伤害称为电击。人体遭到电击后，心脏、呼吸和中枢神经系统机能紊乱，因而破坏人的正常生理活动，甚至危及人的生命。例如，电流通过心脏时，心脏泵室作用失调，引起心室颤动，导致血液循环停止；电流通过大脑的呼吸神经中枢时，会遏止呼吸并导致呼吸停止；电流通过胸部时，胸肌收缩，迫使呼吸停止、引起窒息。

2. 电伤

电伤是指电流的热效应、化学效应和机械效应等对人体外部（表面）造成的局部伤害。电伤往往在肌体上留下伤痕，严重时也可导致死亡。

电伤包括电灼伤、电烙印、皮肤金属化及电伤引起的跌伤、骨折等二次伤害。

电灼伤是指电流热效应产生的电伤。电灼伤的后果是皮肤发红、起泡、组织烧焦并坏死、肌肉和神经坏死、骨骼受伤。治疗中多数需截肢，严重时将导致死亡。

电烙印是由于电流的化学效应和机械效应产生的电伤，其后果是皮肤表面留下与所接触的带电部分形状相似的圆形或椭圆形的肿块痕迹，颜色呈灰色或淡黄色，皮肤硬化失去弹性，表皮破坏，形成永久性斑痕，造成局部麻木或失去知觉。

皮肤金属化是指在高温电弧作用下，周围的金属熔化、蒸发成金属微粒并飞溅渗入人体皮肤表层所造成的电伤。其后果是皮肤变得粗糙、硬化，且根据人体表面渗入的不同金属呈现不同的颜色。皮肤金属化是局部性的，金属化的皮肤经过一段时间会逐渐剥落，不会造成永久性的伤害，相对而言是一种较轻的伤害形式。

此外，因电弧的光辐射作用导致对眼睛的伤害（通常由于未戴护目镜造成）以及电气人员高空作业发生触电摔下造成的骨折、跌伤等都应视为电伤。

触电伤亡事故中，纯电伤性质的及带有电伤性质的约占75％。尽管大约85％以上的触电死亡事故是电击造成的，但其中大约70％的含有电伤成分。

（二）影响因素

电流通过人体时，对人体伤害的严重程度与通过人体的电流大小、电流持续时间、电流的频率、电流通过人体的途径以及人体状况等多种因素有关，而且各种因素之间有着十分密切的关系。电流大小和电流持续时间对触电者伤害程度的影响最大。

1. 电流大小

当电流通过人体时，人体会有麻、疼的感觉，会引起颤抖、痉挛、心脏停止跳动以至于死亡等症状，这些现象称为人体的生理反应。通过人体的电流越大，人体的上述生理反应越明显，人的感觉越强烈，破坏心脏工作所需的时间越短，致命的危险越大。对于工频交流电，按照通过人体电流的大小，人体呈现的不同状况，将电流划分为感知电流、摆脱电流和室颤电流三种。

（1）感知电流。感知电流是引起感觉的最小电流。实验表明，成年男性的平均感知电流约为1.1毫安，成年女性的感知电流约为0.7毫安。感知电流一般不会对人体造成伤害，并且与时间因素无关。

（2）摆脱电流。摆脱电流是指在一定概率下，人触电后能自行摆脱电源的最大电流。实验表明，成年男性的平均摆脱电流约为16毫安，成年女性的平均摆脱电流约为10.5毫安。当通过人体的电流略大于摆脱电流时，人的中枢神经便麻痹，呼吸也停止。如果立即切断电源，就可恢复呼吸。但是，当通过人体的电流超过摆脱电流，而且时间较长，可能会产生严重后果。

（3）室颤电流。通过人体引起心室发生纤维性颤动的最小电流称为室颤电流。室颤状态下，心肌纤维快速颤动，心脏失去泵血功能，若不能及时除颤，伤者数分钟内即可导致死亡。在电流不超过数百毫安的情况下，电击致死的主要原因是电流引起心室颤动或窒息造成的。因此，可以认为引起心室颤动的电流即致命电流。

室颤电流与电流持续时间有很大关系。实验表明，当电流持续时间超过心脏搏动周期时，人的室颤电流约为50毫安；当电流持续时间短于心脏搏动周期时，人的室颤电流约为数百毫安。当电流持续时间在0.1秒以下时，如电击发生在心脏易损期，500毫安以上

29

乃至数安的电流可引起心室颤动；在同样电流下，如果电流持续时间超过心脏跳动周期，可能导致心脏停止跳动。

2. 通电时间

在其他条件都相同的情况下，电流通过人体持续的时间越长，对人体伤害程度越大。发现有人触电时，救护者要迅速切断电源，最大限度地缩短电流通过人体的时间，就是基于这个道理。

3. 通电途径

电流通过人体的途径不同，对人体的伤害程度也不同。电流通过心脏会引起心室颤动，电流较大时会使心脏停止跳动，从而导致血液循环中断而死亡；电流通过中枢神经或有关部位，会引起中枢神经严重失调而导致死亡；电流通过头部会使人昏迷，或对脑组织产生严重损坏而导致死亡；电流通过脊髓，会使人瘫痪等。上述伤害中，以心脏伤害的危险性最大。因此，流过心脏的通电途径是电击危险性最大的途径。

从左手到胸部，电流途经心脏，途径也短，是最危险的通电途径；从手到手、从手到脚是较危险的通电途径；从脚到脚的通电途径虽然危险性较小，但可能因痉挛而摔倒，导致电流通过全身或摔伤、坠落等二次伤害。

4. 人体电阻

当人体触电时，通过人体的电流与人体的电阻有关。人体电阻越小，通过人体的电流就越大，也就越危险。人体电阻包括皮肤电阻和体内电阻，其中皮肤电阻占有较大的比例。人触电后，如果皮肤受到损伤，人体电阻会大大降低。此外，当人体皮肤潮湿和出汗时，带有导电的化学物质，以及处于金属尘埃的环境下，人体电阻急剧下降。因此，人们不应当用潮湿的或有汗、有污渍的手去操作电气装置。

5. 电压高低

一般来说，当人体电阻一定时，人体接触的电压越高，通过人体的电流就越大。实际上，通过人体的电流与作用在人体上的电压不成正比，这是因为随着作用于人体电压的升高，皮肤遭到破坏，人体电阻急剧下降，电流会迅速增加。

6. 电流频率

实验表明，电流种类不同，触电伤害也不一样。当电压为250～300伏时，触及频率为50赫兹的交流电，比触及相同电压的直流电危险性要大3～4倍。但当电压更高时，直流电的危险性则明显增大。

不同频率的交流电对人体的影响也不同。通常，频率为30～100赫兹的交流电，对人体危害最大。如果频率超过1000赫兹，其危险性显著减小。当频率为450～500千赫时，触电危险性基本消失。但这种频率的电流通常以电弧的形式出现，有灼伤人体的危险。频率在20千赫以上的交流小电流对人体已无伤害，在医院常用于理疗。应该引起重视的是高压高频电也有电击致命的危险。

7. 人体状况

不同的人对电流的敏感程度不同，相同的电流通过人体时造成的伤害程度也不同，这主要与人的性别、年龄、身体健康状况密切相关。女性对电流较男性敏感，女性的感知电流和摆脱电流比男性低 1/3；小孩的摆脱电流较低，遭受电击时比成人危险；人体患有心脏病、肺病、内分泌失调等疾病时，受电击的伤害程度比较严重。

二、触电急救的基本原则

触电急救必须做到迅速、准确、就地、坚持。

（一）迅速

在其他条件相同的情况下，触电者触电时间越长，造成心室颤动乃至死亡的可能性就越大。人触电后，由于痉挛或失去知觉等原因，会紧握带电体而不能自主脱离电源，因此发现有人触电，应分秒必争，采取一切可行的措施，迅速使其脱离电源，这是救活触电者的首要因素。使触电者脱离电源后应立即检查触电者的伤情，并及时拨打120急救电话。

（二）准确

准确有两层含义：一是准确判断触电者的伤情，以便对症施救；二是采取的急救措施必须准确到位，避免产生二次伤害。

（三）就地

救护者必须在现场附近就地对触电者实施抢救，千万不要试图送往供电部门或医院进行抢救，以免耽误最佳的急救时间及非专业搬运过程中造成的二次伤害。

通常，脑细胞在常温下如果缺血缺氧 4 分钟以上就会受到损伤，超过 10 分钟脑细胞就会产生"不可逆"严重损伤。即使侥幸被救活，智力也将受到极大影响，甚至成为没有任何意识的"植物人"。因此，在血液循环停止 4 分钟以内实施正确的心肺复苏效果最明显；4～6 分钟部分有效；6～10 分钟后才进行救治少有复苏者；超过 10 分钟，几乎无成功的可能。

（四）坚持

只要有百分之一的希望就要尽百分之百的努力去抢救。人触电后，会出现神经麻痹、呼吸中断、心脏停止跳动等假死症状，此时不应视作死亡，应坚持进行抢救，直到触电者逐渐恢复生命体征或有医务人员接替治疗。现场有触电者经 4 小时或更长时间的心肺复苏而得救的案例。

三、触电急救的流程

触电急救按照以下步骤展开：

（1）帮助触电者脱离电源。

（2）确认现场环境安全。救援环境应该是安全的，无高空坠物、人身触电、交通事故等危及救护者和伤员安全的危险源。

（3）迅速判断伤员意识。轻拍双肩、呼唤双耳，看其反应，判断伤员是否丧失意识。

（4）呼叫救援。发现伤员无反应后应立即请求周围人援助，高声呼救："快来人啊，有人晕倒了"，快速拨打120急救电话。如有条件应尽早取得自动体外除颤仪（Automated External Defibrillator，简称 AED）。

（5）摆正伤员体位。触电者脱离电源后，救护者摆正伤员体位，将其置于仰卧位。

（6）判断伤员呼吸及颈动脉搏动状况。要求在 10 秒内完成判断，救护者根据判断结果进行对症施救。若患者无意识、无呼吸、无循环体征，立即进行心肺复苏。

综上所述，触电急救的流程如图 3-1 所示。

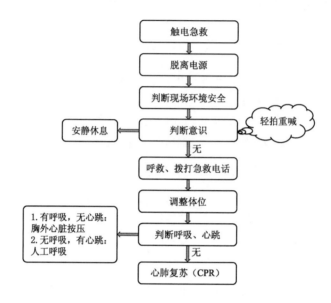

图 3-1 触电急救的流程

四、脱离电源

所谓脱离电源就是把触电者接触的一部分带电设备的所有开关、刀闸或其他断路设备断开，或设法将触电者与带电设备脱离开。在脱离电源过程中，救护人员既要救人，也要注意保护自身的安全。

（一）脱离低压电源

（1）如果触电地点附近有电源开关或电源插座，可立即拉开开关或拔出插销，断开电源，如图 3-2 所示。但应注意拉线开关或开关只是控制一根线的开关，有可能因安装问题只切断了零线而没有断开电源的火线。

（2）如果触电地点附近没有电源开关或电源插座，可用带绝缘手柄的电工钳或带干燥木柄的斧头切断电线，断开电源，如图 3-3 所示。但应注意割断点应选择在靠电源侧有支持物处，以防被割断的电源线触及他人或救护人员。

（3）当电线搭落在触电者身上或压在身下时，可用干燥的衣服、手套、绳索、木板、木棒、竹竿等身边一切可以拿到的绝缘物作为工具，拉开触电者或挑开电线，使触电者脱离电源，如图 3-4 所示。

（4）如果触电者的衣服是干燥的，又没有紧缠在身上，可以用一只手抓住他的衣服，拉离电源，如图 3-5 所示。具体操作时要拉衣服干燥和宽松的部位，不可接触衣服潮湿的部位。但应注意触电者的身体是带电的，鞋的绝缘也可能遭到破坏，救护人不得接触触电者的皮肤，也不能抓他的鞋。

图 3-2 拉开开关或拔出插销

图 3-3 切断电源线

图 3-4 挑、拉电源线

图 3-5 拉开触电者

(5) 若触电发生在低压带电的架空线路上或配电台架、进户线上，对可立即切断电源的，应迅速断开电源。救护者立即登杆或登至可靠的地方，并做好自身防触电、防坠落的安全措施，用带有绝缘胶柄的钢丝钳、绝缘物体或干燥不导电物体等工具将触电者脱离电源。

(二) 脱离高压电源

与脱离低压电源不同，在脱离高压电源的情况下使用上述工具是不安全的，因为高压电有安全距离的要求。高压触电很危险，救护时一定要小心谨慎。脱离高压电源的方法如下：

(1) 立即通知供电的有关单位或部门停电。

(2) 如果有人在高压带电设备上触电，救护人员应戴上绝缘手套、穿上绝缘靴拉开高压跌落开关，以切断电源。抢救过程中，应注意自身与周围带电部分之间的安全距离。

(3) 如触电发生在高压架空线路杆塔上，又不能迅速联系就近变电站停电时，救护者可抛掷足够截面、适当长度的裸金属线使线路短路接地，迫使保护装置动作，断开电源。注意抛掷金属线之前，先将金属线的一端固定可靠接地，另一端系上重物。抛掷者抛出线后，要迅速躲离接地金属线 8 米以外或双腿并拢站立，防止跨步电压伤人。在抛掷裸金属线时，应注意防止电弧伤人或断线危及人员安全。周围人不要围观，而且操作者应将自己防护好，以免在脱离电源过程中触电。

（三）脱离电源的注意事项

脱离电源的方法的选择，应根据现场具体情况而定。在实践过程中现场人员应以安全、迅速为原则，正确选择脱离电源的方法，同时还应注意下列事项：

（1）救护人不可直接用手或其他金属及潮湿的物体作为救护工具，必须使用适当的绝缘工具。救护人最好用一只手操作，以防自身再触电。

（2）防止触电者脱离电源后可能的摔伤，特别是当触电者在高处的情况下，做好防坠落的措施。即使触电者在平地，也要根据触电者倒下的方向，注意防摔。

（3）救护者在救护过程中，要注意自身和被救者与附近带电体之间的安全距离，防止再次触及带电设备。

（4）如果事故发生在夜间，应设置临时照明灯，以便于抢救，避免意外事故，但不能因此延误切除电源和进行急救的时间。

五、现场对症急救

触电者脱离电源后，现场救护人员应迅速对触电者的伤情进行判断，对症施救，并设法联系医疗急救中心（医疗部门）的医生到现场接替救治，同时应根据触电者伤害的轻重程度采取以下不同的急救措施：

（1）若触电者神志清醒，心跳存在，呼吸急促，只是感到心慌、四肢发麻、全身无力或者虽然曾一度昏迷，但未失去知觉，应使其就地躺平或将触电者抬到空气新鲜、通风良好的地方，安静休息，让他慢慢恢复。在此期间救护者不要离开现场，要注意观察其呼吸及脉搏的变化，禁止触电者站立或走动，以减轻心脏负担。天冷时还应注意保暖。

（2）若触电者呼吸、心跳存在，只是一度陷入昏迷状态，应迅速大声呼叫触电者，并用手拍打其肩部，无反应时，立即用手指掐压人中穴、合谷穴约5秒，以唤醒其意识，同时注意不要围观，要保证周围空气流通，直到触电者恢复意识，如图3-6所示。

（3）若触电者意识已经丧失，应及时进行呼吸、心跳的判断。救护者的脸贴近触电者的口鼻处，听有无呼吸声，同时，视线看向伤员胸腹部，看有无起伏，以此查看有无呼吸；同时，用手指轻试一侧喉结旁凹陷处的颈动脉有无搏动，判断心跳情况，如图3-7所示。呼吸、心跳的判断应在10秒内完成。

图3-6 伤员意识的判断

图3-7 呼吸、心跳情况的判断

按照美国心脏学会（AHA）国际心肺复苏（CPR）及心血管急救（ECC）新指南标准，非专业人士在救援中不要求必须做心跳的判断，只要判定患者无反应、无呼吸或无正常呼吸，即可进行心肺复苏操作。

（4）若触电者意识丧失，呼吸停止，但心脏或脉搏仍跳动，应采用人工呼吸法进行抢救。如此时不及时用人工呼吸法抢救，触电者将会因缺氧过久而引起心跳停止。

（5）若触电者意识丧失，呼吸存在，但心脏和脉搏停止跳动，应采用胸外心脏按压法进行抢救。

（6）若触电者意识丧失，呼吸和心跳均已停止，或仅有叹息样呼吸（呼吸微弱）时，则应立即按心肺复苏法就地进行抢救，不得延误或中断。不能认为尚有微弱呼吸只做胸外心脏按压，因为这种微弱的呼吸已起不到人体需要的氧交换作用，如不及时人工呼吸即会发生死亡，若能立即使用胸外心脏按压和人工呼吸，就能抢救成功。

（7）触电者和雷击伤者心跳、呼吸停止，并伴有其他外伤时，应先迅速进行心肺复苏急救，然后再处理外伤。

（8）触电者衣服被电弧光引燃时，应迅速扑灭其身上的火，着火时切忌跳动和跑动，可利用衣服、被子、湿毛巾等拍打、覆盖灭火，必要时可就地躺下翻滚，扑灭火焰。

六、心肺复苏法

（一）心肺复苏的意义

2014年2月17日上午10点27分，35岁的某女士倒在深圳地铁蛇口线水湾站C出口的台阶上，倒下后有求救，3分钟后，有市民发现，地铁工作人员随后赶到现场，25分钟后民警赶到。此间，无人上前急救，直到11点18分（该女士已倒地50分钟），120到达现场后发现其已死亡。

心肺复苏是对呼吸、心搏骤停者合并使用胸外心脏按压和人工呼吸进行急救的一种技术。当人在心脏病、触电、溺水、中毒、车祸、高血压、异物堵塞等疾病或意外导致的心搏骤停、呼吸停止时，均可用心肺复苏法（cardiopulmonary resuscitation，CPR）来抢救。心搏骤停一旦发生，如得不到及时地心肺复苏，4～6分钟后会造成患者脑和其他人体重要器官组织因缺氧而受到不可逆的损害。因此心搏骤停后的心肺复苏必须即刻在现场进行。

（二）心肺复苏前的准备

发现有人倒地后，在确保现场环境安全的前提下，迅速识别心脏骤停情况，若患者无反应、无呼吸或仅是喘息，不能在10秒内明确感受到脉搏，应及时启动应急反应系统，即刻高质量心肺复苏，并尽早除颤。

1. 施救地点

急救应在安全的前提下现场就地操作。患者应仰面躺平在平硬处或硬板床上，若为弹簧床、沙发等，则应在其背部垫一硬板。硬板长宽度应足够大，以保持按压胸骨时，患者身体不会移动，但不可因寻找垫板而延误开始按压的时间。仰卧时头部应放平，如果头部比心脏高，则会减小流向头部的血流量，可以将下肢抬高30厘米左右，以帮助血液回流。

2. 救护体位

正确的抢救体位是仰卧位。患者头、颈、躯干平卧无扭曲，双手置于身体两侧。如患者是俯卧或侧卧位，应迅速跪在患者身体一侧，一手固定其颈后部，另一手固定其一侧腋部（适用于颈椎损伤）或髋部（适用于胸椎或腰椎损伤），按照"原木"样将患者整体翻动，避免身体扭曲，以防造成脊柱脊髓损伤。

（三）心肺复苏的操作要领

心肺复苏支持生命的基本措施有三项：胸外心脏按压（Compression，简称 C）、通畅气道（Airway，简称为 A）和人工呼吸（Breathing，简称为 B）。按照国际心肺复苏操作新指南标准，单一施救者应先进行胸外心脏按压，通畅气道后再进行人工呼吸，即按照 C－A－B 的顺序操作，以减少首次按压的时间推迟。

在成人心肺复苏中，按压和人工呼吸的比例为 30：2，即先进行 30 次胸外心脏按压，通畅气道后进行 2 次人工呼吸。儿童或婴儿（新生儿除外）心肺复苏，按压和人工呼吸的比例为 15：2。

1. 胸外心脏按压

胸外心脏按压是采用人工机械的强制作用，迫使心脏有节律地收缩，从而恢复心跳、恢复血液循环，并逐步恢复正常的心脏跳动。

除按压位置和姿势正确外，高质量的按压还要求救护者应该以适当的速率和深度进行有效按压，同时尽可能减少胸外按压中断的次数和持续时间，且保证每次按压后胸廓充分回弹。

（1）按压位置。正确的按压位置是保证胸外心脏按压实施效果的重要前提，并可防止胸肋骨骨折和各种并发症的发生。按压位置为胸骨中 1/3 与下 1/3 交界处，确定位置的方法有两种：

方法一：成人按压位置在两乳头连线的中点，幼儿按压位置在两乳头连线的中点略偏下一点。

方法二：首先找切迹，触及伤员上腹部后，用食指及中指沿伤员肋弓处向中间移滑，两肋弓交点处就是切迹，如图 3-8 所示；然后确定按压位置，一只手的食指与中指并拢置于切迹上方，另一只手的掌根紧挨着食指放在胸骨上，掌根处即为正确的胸外按压位置，如图 3-9 所示。

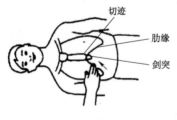 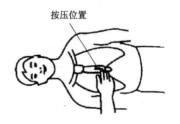

图 3-8　找切迹　　　　　　　　　图 3-9　正确的按压位置

（2）按压姿势。根据现场具体情况，操作者双膝跪在被救者一侧，一般选择右侧，左膝位于被救者肩颈部，两腿自然分开，与肩同宽。

　　按压位置确定后，救护人一手掌跟放在胸骨定位处，另一手紧贴叠放在定位手的手背上，以加强按压力量。按压时要求放在下面的手五指张开，十指相扣，掌心翘起，保证只有掌根紧贴在胸骨上，如图 3-10 所示。

　　如图 3-11 所示，操作时，救护人身体尽量靠近患者；腰部稍弯曲，上身略向前倾，肩部在按压位置的正上方，肘关节绷直。以髋关节为支点，利用上半身的重力，掌根用适当的力量垂直向下按压，注意着力点承受双臂的合力。按压时救护人应目视患者面部，以观察面色、瞳孔、神志等有无变化。

图 3-10　正确手型图

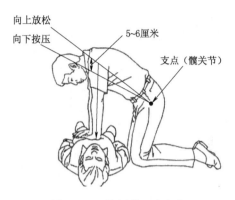

图 3-11　按压的正确姿势

　　（3）按压深度。按压深度成人一般为 5～6 厘米，儿童伤者约为 5 厘米，婴幼儿约为 4 厘米。按压力度过小不能有效推动血液循环，按压力度过大则易导致骨折。按压后掌根要立即全部放松（但双手不要离开胸壁），以使胸部自动复原，让血液回流入心脏。

　　（4）按压频率。按压频率为 100～120 次/分钟，放松时间与按压时间相等，各占 50%。

　　心肺复苏过程中每分钟的胸外按压次数，对于伤者能否恢复自主循环以及存活后是否有良好的神经系统功能非常重要。更多的按压次数可提高存活率，但过快的按压速率易导致按压不足和胸廓回弹不充分的问题。每分钟的实际胸外按压次数由胸外按压次数以及按压中断的次数和持续时间决定。为保证足够的胸外按压次数，按压操作中应尽量减少中断的次数，且每次中断不超过 10 秒。

　　（5）胸外按压常见错误如下：

　　1）按压除掌根部贴在胸骨外，手指也压在胸壁上，易引起骨折。

　　2）按压位置不正确，向下易使剑突受压折断而致使肝破裂，向两侧易致肋骨或肋软骨骨折，导致气胸、血胸。

　　3）按压用力不垂直，导致按压无效或肋软骨骨折，特别是摇摆式按压更易出现严重并发症，如图 3-12 所示。

　　4）按压时肘部弯曲，致使按压深度达不到 5 厘米，如图 3-13 所示。

　　5）冲击式按压、猛压，效果差，且易导致骨折。

　　6）放松时抬手离开胸骨定位点，造成下次按压位置错误，引起骨折。

　　7）放松时未能使胸部充分松弛，胸部仍承受压力，使血液难以回到心脏。

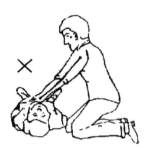 

图 3-12　按压不垂直　　　　　　　　　图 3-13　肘关节弯曲

8）按压速度不自主地加快或减慢，影响按压效果。

9）两手不是重叠放置，而是交叉放置。

2．通畅气道

当触电者呼吸停止时，重要的是要始终保持气道畅通。遭受意外伤害者易发生气道阻塞现象，造成气道阻塞的原因除舌根坠入咽部外，还可能由口腔异物造成。如有异物，应先予以清除，然后通畅气道。

（1）清理口腔异物。常见的口腔异物有大块食物、假牙、呕吐物、血块等。若异物进入气道口，会造成部分或完全气道阻塞。清理口腔异物的方法如下：

1）手指清除异物法，如图 3-14 所示。首先，将两手张开，放在伤病员面部两侧（耳朵露出），两拇指轻轻掰开下唇，查看有无异物；若有，将伤病员头转向近端 45 度，右手握拳抵住伤病员下颔处，拇指伸到嘴里压住舌头，左手食指伸到嘴里，将嘴里异物从上到下清除，以免异物再次注入气道，严禁头成仰起状清理异物。

2）腹部猛压法，如图 3-15 所示。将触电者平躺在地，救护者双手相叠按压其腹部，用力下压并向上推动，通过外力作用把异物排出。

 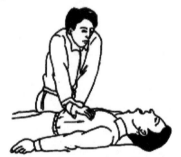

图 3-14　手指清除异物法　　　　　　　图 3-15　腹部猛压法

（2）通畅气道。导致气道不通畅的另一个原因是意识丧失后的舌根下坠，只有将舌根拉起后才可打开气道，如图 3-16 所示。

通畅气道方法如下：

1）仰头抬颏法。将触电者仰面躺平，抢救者跪在触电者肩部，一只手放在其前额上，手掌用力向下压；另一只手的手指放在颏下将其下颔骨向上抬起，从而将头后仰，舌根随之抬起，呼吸道即可通畅。成人头部后仰的程度应使下颔骨与地面垂直，儿童应使下颔骨与地面呈 60 度角，婴儿应使下颔骨与地面呈 30 度角，如图 3-17 所示。

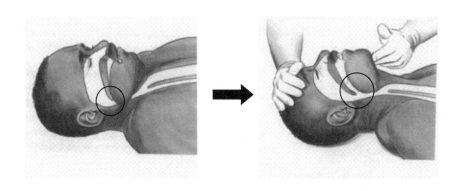

图 3-16 拉起下坠舌根开放气道

注意：在抬颏时不要将手指压向颈部软组织的深处，否则会阻塞气道。禁止用枕头或其他物品垫在伤员头下，否则头部抬高前倾，也会加重气道阻塞。

2）仰头抬颈法。将触电者仰面躺平，抢救者跪在触电者肩部，用一只手放在其前额上，手掌用力向下压；另一只手的手指放在颈下将其颈部向上抬起，从而将头后仰，舌根随之抬起，呼吸道即可通畅。后仰的程度与仰头抬颏法相同。

3）托颌法。怀疑伤者颈椎骨折时采用。将伤者仰面躺平，抢救者跪在伤员的头部附近，两肘关节支撑在伤者仰卧的平面上，两手放在伤者的下颌两侧，以食指为主，用力将下颌角托起。如图 3-18 所示。

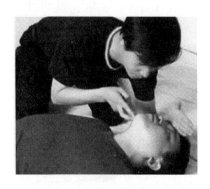

图 3-17 仰头抬颏法

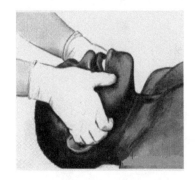

图 3-18 托颌法

注意：操作中，不得将头部从一侧转向另一侧或使头部后仰，以免加重颈椎部损伤。

3. 人工呼吸

呼吸是维持生命的重要功能。如果停止呼吸，人体内就会失去氧的供应，体内的二氧化碳也排不出去，很快就会导致死亡。人的大脑细胞对缺氧特别敏感，缺氧 4～6 分钟就会造成脑细胞损伤；缺氧超过 10 分钟，脑组织就会发生不可逆的损伤。因此，患者一旦发生呼吸停止，就需要马上做人工呼吸进行急救。做人工呼吸首选口对口人工呼吸，当无法做口对口人工呼吸时，就做口对鼻人工呼吸。

（1）口对口人工呼吸。口对口人工呼吸就是采用人工机械动作（抢救者呼出的气通过伤员的口对其肺部进行充气以供给伤员氧气），使伤员肺部有节律地膨胀和收缩，以维持气体交换（吸入氧气，排出二氧化碳），并逐步恢复正常呼吸的过程。

操作前，解开伤者衣领、裤带，摘下假牙，以使胸部能自由扩张。

口对口人工呼吸步骤如下：

1）头部后仰。当上述准备工作完成后，让触电者头部尽量后仰、鼻孔朝天，避免舌下坠导致呼吸道梗阻，如图3-19所示。

2）捏鼻掰嘴。救护人跪在触电者头部的侧面，用放在前额上的手指捏紧其鼻孔，以防止气体从伤员鼻孔逸出；另一只手拇指和食指将其下颌拉向前下方，使嘴巴张开，准备接受吹气，如图3-20所示。

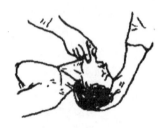 

图3-19 头部后仰　　　　　　　　图3-20 捏鼻掰嘴

3）贴嘴吹气。救护者深吸一口气屏住，用自己的嘴唇包绕住伤员的嘴，在不漏气的情况下，做两次大口吹气，吹气量为500～1000毫升，且每次吹气维持时长1～1.5秒，实际操作中以胸部有明显起伏为宜，如图3-21所示。

4）放松换气。吹完气后，救护人口立即离开伤员的口，头稍抬起，耳朵轻轻滑过鼻孔，捏鼻子的手立即放松，让触电者自动呼气，如图3-22所示。同时视线看向胸腹部以观察伤者胸部起伏情况，胸部有起伏说明效果好，无起伏可能是气道有阻塞，应检查气道。

图3-21 贴嘴吹气　　　　　　　　图3-22 放松换气

（2）口对鼻人工呼吸。触电者如有严重的下颌和嘴唇外伤、牙关紧闭、下颌骨折等难以做到口对口密封时，可采用此法。其步骤如下：

1）救护者用一只手放在触电者前额上使其头部后仰，用另一只手抬起触电者的下颌并使口闭合。

2）救护者深吸一口气，用嘴唇包绕住触电者鼻孔，并向鼻内吹气。

3）救护者的口部移开，让触电者被动地将气呼出，依次反复进行，其他注意点同口对口人工呼吸法。

因为口对鼻人工呼吸效果不好，在没有上述特殊情况下，一定要使用口对口人工呼吸法进行抢救，以保证抢救效果。

注意：对成人做人工呼吸时，每5～6秒吹气一次，依次不断，一直到呼吸恢复正常，即每分钟吹气10～12次，最多不得超过16次。对于儿童的人工呼吸，每2～3秒吹气一次，即每分钟吹气20～30次。无论成人还是儿童，人工呼吸中都要避免过度通气。

（四）心肺复苏的终止条件

30次胸外心脏按压和2次人工呼吸称为一个心肺复苏的循环，按照30∶2做胸外心脏按压与人工呼吸5个循环后，检查一次生命体征；以后每完成5个循环（约2分钟）检查一次生命体征，每次检查时间不得超过10秒。若伤者有生命体征出现，停止心肺复苏操作，并将伤者体位调整至复原体位（侧卧位）。

心肺复苏的有效生命体征如下：

（1）瞳孔。复苏有效时，可见伤者瞳孔由大变小；如若瞳孔由小变大、固定、角膜混浊，则说明复苏无效。

（2）面色（口唇）。复苏有效，可见伤者面色由紫绀转为红润；如若变为灰白，则说明复苏无效。

（3）颈动脉搏动。按压有效时，每一次按压可以摸到一次搏动；如若停止按压，搏动亦消失，应继续进行心脏按压；如若停止按压后，脉搏仍然跳动，则说明伤者心跳已恢复。

（4）神志。复苏有效，可见伤者有眼球活动，睫毛反射与对光反射出现，甚至手脚开始抽动，肌张力增加。

（5）出现自主呼吸。伤者自主呼吸出现，并不意味着可以停止人工呼吸。如果自主呼吸微弱，仍应坚持口对口人工呼吸。

心肺复苏的终止条件如下：

（1）伤者有有效自主呼吸和心跳恢复。

（2）有迫在眼前的危险威胁到救护者的安全。

（3）有他人或专业急救人员到场接替。

（4）医生到场宣布死亡。

（5）救护员筋疲力尽不能继续进行心肺复苏。

（五）成人、儿童、婴儿心肺复苏操作标准

成人、儿童、婴儿心肺复苏操作标准见表3-1。

表3-1　　　　　　　　　　成人、儿童、婴儿心肺复苏操作标准对比表

项目/分类	成人 （青春期以后）	儿童 （1～12岁）	婴儿 （出生到1岁）
判断意识	轻拍双肩、呼喊	轻拍双肩、呼喊	拍打足底
检查呼吸	确认没有呼吸或没有 正常呼吸（叹息样呼吸）	没有呼吸或只有叹息样呼吸	
检查脉搏	检查颈动脉	检查颈动脉	检查肱动脉
	仅限医务人员，检查时间不超过10秒		
CPR步骤	C-A-B（淹溺者适用A-B-C）		

项目/分类		成人 （青春期以后）	儿童 （1～12岁）	婴儿 （出生到1岁）
胸外心脏按压	按压部位	胸部正中两乳头连线中点		胸部正中两乳头连线 中点下方一横指
	按压方法	双手掌跟重叠	单手掌根或双手掌根重叠	中指、无名指或双手 环抱双拇指按压
	按压深度	5～6厘米	至少为胸廓前后径 的1/3（约5厘米）	至少为胸廓前后径 的1/3（约4厘米）
	按压频率	100～120次/分钟，即最少每18秒按30次，最快每15秒按压30次		
	胸廓反弹	每次按压后让胸廓充分回弹，以使血液充分回流到心脏		
	按压中断	尽量减少按压中断的次数，且每次中断的时间不超过10秒		
通畅气道	开放气道 （颈椎无 损伤时）	头后仰90度角	头后仰60度角	头后仰30度角
人工呼吸	吹气方式	口对口或口对鼻		口对口鼻
	吹气量	胸廓略隆起		
	吹气时间	吹气持续约1秒		
按压吹气比		30：2	15：2	

七、自动体外除颤仪

2019年3月25日晚，几名协和医院的医生正在东单羽毛球馆打球，发现隔壁篮球场一中年男性突然倒地。几位医生赶过去发现是心脏骤停，随即呼叫120，同时立即心肺复苏。球馆内正好配备了自动体外除颤仪（AED），先后除颤四次、复苏总计十余分钟，男子终于转为自主心律。120到达后迅速将病人就近转医院急诊，半个多小时后病人已经苏醒并能够讲话了。

在现场急救中，若有条件，应尽早取得自动体外除颤仪，并尽早除颤。只要除颤仪到位，无论心肺复苏进行到哪一步，应立即除颤，除颤完成后继续心肺复苏操作，直到专业救护团队赶到现场接替救治。高质量的心肺复苏合并AED除颤操作能有效提高病人的生存率。

自动体外除颤仪的型号有很多种，其操作步骤基本相同。

第一步：打开电源开关。如图3-23（a）所示，听语音提示。

第二步：粘贴电极贴片。电极贴片的安放关系到除颤的效果。右侧电极片应放在胸骨右侧，介于锁骨下与右乳头上方的位置；左侧电极片应放在左乳头外侧，电极片上缘要距左腋窝下10～15厘米的位置。如图3-23（b）所示。

第三步：插入插头，分析心律。贴好电极片后，用力插入电极插头。救护员语言示意周边人员不要接触或移动患者，等候AED分析心律是否需要除颤。如图3-23（c）

所示。

第四步：电除颤。救护员得到除颤信息后，等待充电，确定所有人员未接触患者后，按下除颤键电击除颤，如图 3-23（d）所示。

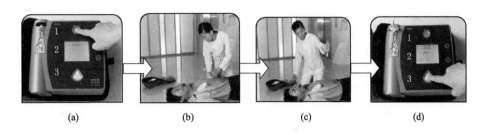

图 3-23 AED 操作步骤说明（四步）
（a）打开电源；（b）粘贴电极贴片；（c）插入插头分析心律；（d）电除颤

注意：电极贴片应牢固地粘贴至正确的位置，且粘贴电极贴片过程中不应停止心肺复苏操作，但插入电极插头后分析病人心律及电击除颤时不要接触和移动病人。

 本节小结

1. 电流对人体的伤害形式有两种：电击和电伤。伤害程度与电流大小、电压高低、人体电阻、通电时间长短、电流频率、通电途径、身体健康状况等因素有关，其中电流大小与通电时间长短影响最大。

2. 触电急救的原则是迅速、准确、就地、坚持。

3. 脱离低压电源的方法有：电闸就在触电者附近，可直接拉电闸断开电源；触电地点附近没有电源开关时，使用带有绝缘手柄的电工钳或带木柄的斧头切断电源线；当断落的电源线搭在触电者身上时，用绝缘的工具挑开电源线；如果触电者的衣服是干燥的，又没有紧缠在身上，可以用一只手抓住他衣服的宽松处，将其拉离电源。

4. 触电的现场救护流程：帮触电者脱离电源后，应迅速判断触电者有无意识，若无意识，及时启动急救系统，并快速检查触电者的呼吸和心跳情况，根据检查结果，采用对应的救护方法。非专业人员现场急救中可不必判断伤者心跳情况，若判定伤者无反应、无呼吸或无正常呼吸，即可进行心肺复苏操作。

5. 心肺复苏前将患者置于平硬地面或床面，呈仰卧位。按照 C-A-B 的顺序和 30：2 的比例进行操作，每操作 5 个循环（约 2 分钟）需要判断伤者呼吸心跳恢复情况。按压时需注意位置、手型、姿势、频率、力度。人工呼吸注意呼气量、吹气频率、吹气持续时间等要求。

 思考与练习

1. 电流对人体的伤害形式有几种？影响因素有哪些？

2. 请说出触电急救的原则和流程。

3. 有人在低压电源上触电，请说出几种帮他脱离电源的方法。

4. 心肺复苏法支持生命的三项基本措施是什么？

5. 胸外心脏按压的操作要领有哪些？

6. 通畅气道的方法有哪些？

7. 人工呼吸的操作要领有哪些？

8. 心肺复苏的有效指标有哪些？

9. 心肺复苏的终止条件有哪些？

10. 某人在低压电器（低压线路）上触电，如果你在现场应如何抢救？

第三节　创　伤　急　救

一、概述

（一）创伤的概念

创伤是指各种物理、化学和生物等致伤因素作用于机体，所造成的组织结构完整性损害或功能障碍。

创伤急救是急诊医学的重要组成部分，反映了现代医学进步和经济发展的必然需求。创伤的现场急救是一个国家、社会综合应急能力的体现，是公民素质的展示。

（二）创伤的分类

1. 按致伤原因分类

创伤分为烧伤、冻伤、挤压伤、冲击伤、复合伤等。

2. 按受伤部位分类

创伤分为颅脑伤、胸（背）伤、腹（腰）伤、骨盆伤、四肢伤等。

3. 按伤后皮肤完整性与否分类

（1）皮肤完整无伤口称闭合伤，如挫伤、挤压伤、扭伤、震荡伤、关节脱位和半脱位。

（2）有皮肤破损者称开放伤，如擦伤、撕裂伤、切割伤、刺伤。

4. 按伤情轻重分类

（1）轻伤。轻伤是指局部软组织伤，一般轻微的撕裂伤和扭伤者，不影响生命，无需住院治疗。

（2）中等伤。中等伤是指伤情虽重但尚未危及生命者，如广泛软组织损伤、上下肢开放性骨折、肢体挤压伤等。

（3）重伤。危及生命或治愈后有严重残疾者，例如严重休克、内脏伤等。

（三）创伤现场急救的基本原则

创伤现场急救的基本原则如图 3－24 所示。

（四）创伤现场急救的要求

时间就是生命！急救的要求是"快"，即快抢、快救、快送。

1. 快抢

将伤员从倒塌的建筑物、交通事故的汽车底下等抢救出来，脱离受伤现场，防止继续受伤和再受伤。

2. 快救

迅速抢救生命，解除窒息，紧急止住外出血、包扎伤口、临时伤肢固定、抗休克，防止开放伤的污染。

3. 快送

迅速将伤员根据伤情送往附近医院或创伤救治中心。

二、现场止血技术

出血是创伤的突出表现，现场及时有效地止血，是挽救生命、降低死亡率、为病人赢得进一步治疗时间的重要技术。

对于创伤而致的出血，掌握简单的止血方法和技术，就能在现场派上用场，就能缓解出血之急，就能挽救病人的生命。

（一）失血的表现

血液是维持生命的重要物质，成人的血容量约占体重的8%，即4000～5000毫升。

如果出血量占总量的20%（800～1000毫升）时，会出现头晕、脉搏增快、血压下降、出冷汗、肤色苍白、少尿等症状。

如果出血量达总量的40%（1600～2000毫升）时，就有生命危险。

大出血伤员拖延几分钟就可能危及生命，因此出血是最需要急救的危重症之一，止血术是急救中非常重要的技术。

图3-24 创伤现场急救的基本原则

（二）止血方法（主要是指外出血）

根据情况的不同，应临时用指压止血、（加压）包扎止血、填塞止血、加垫屈肢止血、止血带止血和止血钳止血等方法，一般多采用绷带加压包扎止血法。如有活动性大出血，可用止血钳夹住并结扎止血。在使用止血带止血时应标明上止血带的时间，并定时予以松解。现介绍几种常用的止血方法。

1. 包扎止血法

包扎止血法适用于表浅伤口出血或小血管和毛细血管出血。

（1）粘贴创可贴止血。将自粘贴的一边先粘贴在伤口的一侧，然后向对侧拉紧粘贴另一侧。

（2）敷料包扎止血。将足够厚度的敷料、纱布覆盖在伤口上，覆盖面积要超过伤口周边至少3厘米，如图3-25所示。

（3）就地取材包扎止血。可选用三角巾，手帕，清洁的布料包扎止血。

2. 加压包扎止血法

加压包扎止血法适用于全身各部位的小动脉、静脉、毛细血管出血，用敷料或清洁的毛巾、绷带、三角巾等覆盖伤口，加压包扎达到止血的目的。加压包扎止血法主要包括直接加压包扎法和间接加压包扎法，常用的材料如图3-26所示。

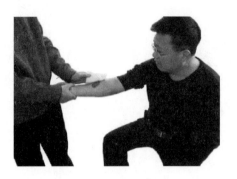

图 3-25 敷料包扎

图 3-26 包扎材料

3. 指压止血法

用手指压住出血的血管上端（近心端），以压闭血管，阻断血流。采用此法救护人员需熟悉各部位血管出血的压迫点。此方法仅适用于急救，且压迫时间不宜过长。

（1）颞部出血：用拇指在耳前对着下颌关节上用力，可将颞动脉压住，如图 3-27 所示。

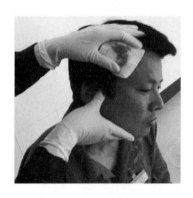
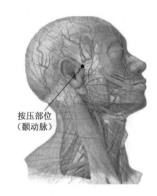

按压部位（颞动脉）

图 3-27 颞部压迫止血

（2）前臂出血：上臂肱二头肌内侧用手指压住肱动脉能止住前臂出血，如图 3-28 所示。

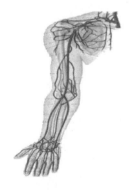

图 3-28 上臂压迫止血

（3）手掌手背的出血：一手压在腕关节内侧（通常摸脉搏处）即桡动脉部，另一手压在腕关节外侧尺动脉处可止血，如图3-29所示。

（4）手指出血：用另一手的拇指和食指（或中指）分别压住出血手指的两侧可以止血，如图3-29所示，不可压住手指的上下面。另外，把自己的手指屈入掌内，形成紧握拳头式也可以止血。

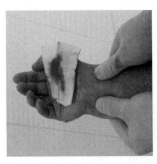

图3-29 手掌手背压迫止血与手指压迫止血

（5）大腿出血：在大腿根部中间处，稍屈大腿使肌肉松弛，用大拇指向后向下压住跳动的股动脉或用手掌垂直压于其上部可以止血，如图3-30所示。

（6）小腿出血：在腘窝处摸到跳动的腘动脉，用大拇指用力压迫即可止血，如图3-31所示。

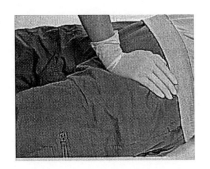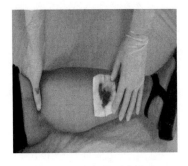

图3-30 大腿压迫止血　　　　　图3-31 小腿压迫止血

（7）足部的出血：用两手拇指分别压迫足背动脉和内踝与跟腱之间的胫后动脉可以止血，如图3-32所示。

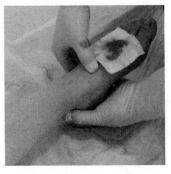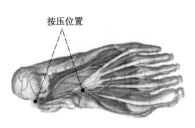

按压位置

图3-32 足部压迫止血

4. 填塞止血法

用消毒的急救包、棉垫或消毒纱布，填塞在创口内，再用纱布绷带、三角巾或四头带作适当包扎，松紧度以能达到止血目的为宜，如图 3-33 所示。

5. 加垫屈肢止血法

在肢体关节弯曲处加垫子，如放在肘窝、腘窝处，然后用绷带把肢体弯曲起来，使用环形或"8"字形包扎，如图 3-34 所示，此法对伤员痛苦较大，不宜首选。另外骨折和关节脱臼者不宜使用。

 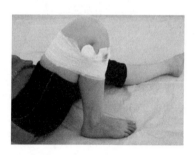

图 3-33　填塞法　　　　　　　　　图 3-34　加垫屈肢止血法

6. 止血带止血法

止血带止血法能有效地控制四肢出血，但损伤较大，应用不当可致肢体坏死，故应谨慎使用，此方法主要用于暂不能控制的大血管损伤出血，而且其他方法不能止血时才用。止血带有橡皮止血带（橡皮条和橡皮带）、气囊止血带（如血压计袖带）和布制止血带，其操作方法各有不同。

（1）橡皮止血带止血法。左手在离带端约 10 厘米处由拇指、食指和中指紧握，使手背向下放在扎止血带的部位，右手持带中段绕伤肢一圈半，然后把带塞入左手的食指与中指之间，左手的食指与中指紧夹一段止血带向下牵拉，使之成为一个活结，外观呈 A 字形，如图 3-35 所示。

（2）气囊止血带止血法。常用血压计袖带，操作方法比较简单，只要把袖带绕在扎止血带的部位，然后打气至伤口停止出血。一般压力表指针在 300 毫米汞柱（上肢），为防止止血带松脱，上止血带后再缠绕绷带加强，如图 3-36 所示。

（3）表带式止血带止血法。伤肢抬高，将止血带缠在肢体上，一端穿进扣环，并拉紧致伤口部停止出血为度，如图 3-37 所示。

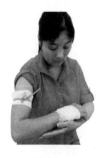 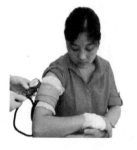 

图 3-35　橡皮止血带止血法　　图 3-36　气囊止血带止血法　　图 3-37　表带式止血带止血法

（4）布制止血带止血法。将三角巾折成带状或将其他布带绕伤肢一圈，打半个蝴蝶结，取一根小棒穿在布带圈内，提起小棒拉紧，将小棒按顺时针方向拧紧，将小棒一端插入蝴蝶结环内，最后拉紧活结并与另一头打结固定，如图3-38所示。

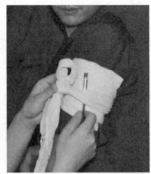

图3-38 布制止血带止血法

注意：扎止血带时间越短越好，一般不超过1小时，如必须延长，则应每隔40～50分钟左右放松3～5分钟，在放松止血带期间需用指压法临时止血。一般放止血带的部位是上臂在上1/3处，大腿宜放在中上段。缚扎止血带松紧度要适宜，以出血停止、远端摸不到动脉搏动为准。

7. 钳夹止血法

用止血钳直接钳夹出血点，这种方法最有效，最彻底，损伤最小，但需要专业的器械与技术，必须由专业人员来完成。

三、现场包扎技术

（一）包扎的作用

创面包扎可以保护伤口，防止进一步污染，减少感染机会；可以减少出血，预防休克；能够固定骨折处和关节，减轻疼痛，防止损伤进一步加重；可以保护内脏和血管、神经、肌腱等重要解剖结构；有利于转运和治疗。

（二）包扎材料

常用的包扎材料有创可贴、尼龙网套、三角巾、弹力绷带、纱布绷带、胶条及就地可取的材料，如干净的衣物、毛巾、床单、领带、围巾等都可作为临时性的包扎材料。

（三）包扎方法

1. 尼龙网套、自粘创可贴包扎

这是新型的包扎材料，应用于表浅伤口、头部及手指伤口的包扎。现场使用方便、有效。

（1）尼龙网套包扎，如图3-39所示。尼龙网套具有良好的弹性，使用方便。先用敷料覆盖伤口并固定，再将尼龙网套套在敷料上。头部及肢体可用其包扎。

（2）自粘性各种规格的创可贴包扎。创可贴透气性能好，具有止血、消炎、止疼、保护伤口等作用，使用方便，效果佳。

2. 绷带包扎

绷带包扎有环形包扎法、螺旋包扎法、螺旋反折包扎法、"8"字包扎法和回返包扎法等。

（1）环形包扎法。此法是绷带包扎中最常用的，适用肢体粗细均匀处伤口的包扎，如图 3 - 40 所示。所有的绷带包扎都要求环形起，环形止。

图 3 - 39　尼龙网套包扎　　　　　　　　图 3 - 40　环形包扎法

（2）螺旋包扎法。此法适用于肢体、躯干部位的包扎，如图 3 - 41 所示。

1）用无菌敷料覆盖伤口。

2）先环形缠绕两圈。

3）从第三圈开始，环绕时压住前一圈的 1/2 或 2/3。

4）最后用胶布粘贴固定。

（3）螺旋反折包扎法。此法用于肢体上下粗细不等部位的包扎，如小腿、前臂等，如图 3 - 42 所示。

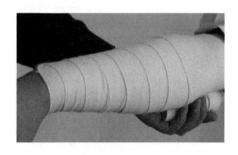

图 3 - 41　螺旋包扎法　　　　　　　　图 3 - 42　螺旋反折包扎法

1）先用环形法固定始端。

2）螺旋方法每圈反折一次，反折时，以左手拇指按住绷带上面的正中处，右手将绷带向下反折，向后绕并拉紧。

3）反折处不要在伤口上。

4）反复操作，最后固定。

（4）"8"字包扎法。手掌、踝部和其他关节处伤口用"8"字绷带包扎。选用弹力绷带最佳，如图 3 - 43 所示。以手部包扎为例。

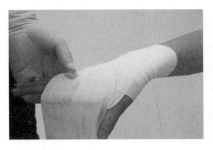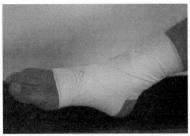

图 3 - 43 "8" 字包扎法

1）用无菌敷料覆盖伤口。

2）包扎手时从腕部开始，先环形缠绕两圈。

3）然后经手和腕"8"字形缠绕。

4）最后绷带尾端在腕部固定，如图 3 - 43 所示。

（5）回返包扎法。此法用于头部、肢体末端或断肢部位的包扎，如图 3 - 44 所示。

1）用无菌敷料覆盖伤口。

2）先环形固定两圈。

3）左手持绷带一端于头后中部，右手持绷带卷，从头后方向前到前额。

4）然后再固定前额处绷带向后返折。

5）反复呈放射性返折，直至将敷料完全覆盖。

6）最后环形缠绕两圈，将上述返折绷带固定。

3. 三角巾包扎

三角巾包扎时要注意边要固定，角要拉紧，中心伸展，敷料贴实。在使用时可按需要折叠成不同的形状，适用于不同部位的包扎。三角巾也可作为临时敷料，做成环形垫，固定伤肢，固定敷料等。

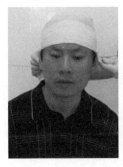

图 3 - 44 回返包扎法

（1）头顶帽式包扎，如图 3 - 45 所示。

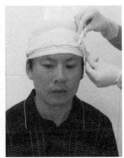

图 3 - 45 三角巾头部包扎法

1）将三角巾的底边叠成约两横指宽，边缘置于伤病员前额齐眉处，顶角向后。

2）三角巾的两底角经两耳上方拉向头后部交叉并压住顶角。

3）再绕回前额齐眉打结。

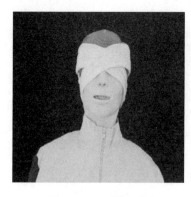

图 3-46　双眼包扎

4）顶角拉紧，折叠后掖入头后部交叉处内。

（2）眼部包扎。建议无论单眼受伤还是双眼受伤，都进行双眼包扎。将三角巾叠成带状，经脑后绕过耳朵，盖住双眼，交叉，然后在脑后打结，如图 3-46 所示。

（3）肩部包扎。

1）单肩包扎，如图 3-47 所示。①三角巾折叠成燕尾式，燕尾夹角约 90 度，大片在后压住小片，放于肩上；②燕尾夹角对准伤侧颈部；③燕尾底边两角包绕上臂上部并打结；④拉紧两燕尾角，分别经胸、背部至对侧腋前或腋后线处打结。

2）双肩包扎，如图 3-48 所示。①三角巾折叠成燕尾式，燕尾夹角 100 度左右；②披在双肩上，燕尾夹角对准颈后正中部；③燕尾角过肩，由前向后包肩于腋前或腋后，与燕尾底边打结。

图 3-47　单肩包扎

图 3-48　双肩包扎

（4）胸部包扎，如图 3-49 所示。

1）三角巾折叠成燕尾式，燕尾夹角约 100 度。

2）置于胸前，夹角对准胸骨上凹。

3）两燕尾角过肩于背后。

4）将燕尾顶角系带，围胸与底边在背后打结。

5）然后将一燕尾角系带拉紧绕横带后上提，再与另一燕尾角打结。

（5）腹部包扎。

1）三角巾底边向上，顶角向下横放在腹部。

图 3-49　胸部包扎

2）两底角围绕到腰部后面打结。

3）顶角由两腿间拉向后面与两底角连接处打结。

（6）手（足）包扎，如图 3-50 所示。

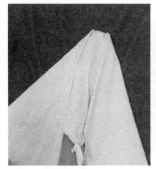

图 3-50　手（足）包扎

1）三角巾展开。

2）手指或足趾尖对向三角巾的顶角。

3）手掌或足平放在三角巾的中央。

4）指缝或趾缝间插入敷料。

5）将顶角折回，盖于手背或足背。

6）两底角分别围绕到手背或足背交叉。

7）再在腕部或踝部围绕一圈后在手背或足背打结。

（7）膝部（肘部）带式包扎。

1）将三角巾折叠成适当宽度的带状。

2）将中段斜放于伤部，两端向后缠绕，返回时分别压于中段上下两边。

3）包绕肢体一周打结。

（8）悬臂带。

1）小悬臂带。用于锁骨、肱骨骨折及上臂、肩关节损伤。其制作方法如下：①三角巾折叠成适当宽带；②中央放在前臂的下 1/3 处，一底角放于健侧肩上，另一底角放于伤侧肩上并绕颈与健侧底角在颈侧方打结；③将前臂悬吊于胸前。

2）大悬臂带。用于前臂、肘关节的损伤。其制作方法如下：①三角巾顶角对着伤肢肘关节，一底角置于健侧胸部过肩于背后；②伤臂屈肘（功能位）放于三角巾中部；③另一底角包绕伤臂反折至伤侧肩部；④两底角在颈侧方打结，顶角向肘前反折，用别针固定；⑤将前臂悬吊于胸前。

现场包扎操作时，应注意以下操作要点：①尽可能带上医用手套，用敷料、干净布片、塑料袋、餐巾纸作为隔离层；②检查伤情时，应脱去或剪开衣服，暴露伤口；③包扎时在伤口上应加盖敷料，封闭伤口，防止污染；④动作要轻巧而迅速，部位要准确，伤口包扎要牢固，松紧适宜；⑤不要用水冲洗伤口（烧烫伤除外），不要对嵌有异物或骨折断端外露的伤口直接包扎，不要在伤口上用消毒剂或药物；⑥如必须用裸露的手进行伤口处理，在处理前，用肥皂清洗双手。

四、现场固定与搬运技术

现场固定是创伤现场急救的一项基本任务。正确良好的固定能迅速减轻病人疼痛，减

53

少出血，防止损伤脊髓、血管、神经等重要组织，也是搬运的基础，有利于转运后的进一步治疗。

（一）固定的材料

1. 脊柱部位的固定材料

脊柱部位的固定材料包括颈托、脊柱板、头部固定器、夹板、绷带等，也可就地取材现场制作。

（1）用报纸、毛巾、衣物等卷成卷，从颈后向前围于颈部，颈套粗细以围于颈部后限制下颌活动为宜。

（2）表面平坦的木板、床板，以大小超过伤员的肩宽和身高为宜，用布带固定。

2. 夹板类固定材料

夹板类固定材料包括充气式夹板、铝芯塑型夹板、锁骨固定带、木质小夹板。现场可用杂志、硬纸板、木板、树枝等作为临时夹板。

（二）固定原则

（1）首先检查意识、呼吸、脉搏及处理严重出血。

（2）用绷带、三角巾、夹板固定受伤部位。

（3）夹板的长度应能将骨折处的上下关节一同加以固定。

（4）骨断端暴露，不要拉动，不要将其送回伤口内。

（5）暴露肢体末端以便观察血运。

（6）固定伤肢后，如可能应将伤肢抬高。

（7）如现场对生命安全有威胁时要将伤员移至安全区域再固定。

（8）预防休克。

（三）固定方法

要根据现场的条件和骨折的部位采取不同的固定方式。固定要牢固，不能过松，也不能过紧。在骨折和关节突出处要加衬垫，以加强固定，并防止皮肤压伤。固定时应根据伤情选择固定器材，操作要点如下：

（1）置伤病员于适当位置，就地施救。

（2）夹板与皮肤、关节、骨突出部位要加衬垫，固定时操作要轻。

（3）先固定骨折的上端，再固定下端，绷带不要系在骨折处。

（4）前臂、小腿部位的骨折，尽可能在损伤部位的两侧放置夹板固定，以防止肢体旋转，并避免骨折断端相互接触。

（5）固定后，上肢为屈肘位，下肢呈伸直位。

（6）应露出指（趾）端，便于检查末梢血运。

（四）搬运的目的

（1）使伤员脱离危险区，实施现场救护。

（2）尽快使伤病员获得专业治疗。

（3）防止损伤加重。

（4）最大限度地挽救生命，减轻伤残。

（五）搬运护送原则

（1）迅速观察受伤现场和判断伤情。

（2）做好伤员现场的救护，先救命后治伤。

（3）应先止血、包扎，固定后再搬运。

（4）伤病员体位要适宜，舒服。

（5）根据不同伤情采取不同的搬运方式。

（6）保持脊柱及肢体在一条轴线上，动作要轻巧、迅速，避免不必要的震动，防止损伤加重。

（7）注意伤情变化，并及时处理。

（六）搬运操作要点

正确的搬运方法能减少病员的痛苦，防止损伤加重；错误的搬运方法不仅会加重伤病员的痛苦，还会加重损伤，甚至造成截瘫。因此，正确的搬运在现场救护中显得尤为重要。搬运操作要点主要有：

（1）现场救护后，要根据伤病员的伤情轻重和特点分别采取挽扶、背运、双人搬运等方法。

（2）疑有脊柱、骨盆、双下肢骨折时不能让伤病员试行站立。

（3）疑有肋骨骨折的伤病员不能采取背运的方法。

（4）伤势较重，有昏迷、内脏损伤、脊柱骨折、骨盆骨折、双下肢骨折的伤员应采取担架器材搬运方法。

（5）现场如无担架，制作简易担架，并注意禁忌范围。

 本节小结

1. 现场及时有效地止血能够挽救生命、降低死亡率。根据不同的情况，可采用临时用指压止血、（加压）包扎止血、填塞止血、加垫屈肢止血、止血带止血和止血钳止血等方法。

2. 现场包扎可以保护伤口，防止进一步污染，减少感染机会；减少出血，预防休克；固定骨折、关节，减轻疼痛，防止损伤进一步加重。常用的包扎方法有：尼龙网套、自粘创可贴包扎、绷带包扎和三角巾包扎。

3. 根据现场的条件和骨折的部位对伤员采取不同的固定方式；固定要牢固，不能过松，也不能过紧；在骨折和关节突出处要加衬垫，以加强固定和防止皮肤压伤；根据伤情选择固定器材。

4. 现场救护后，要根据伤病员的伤情轻重和特点分别采取挽扶、背运、双人搬运等方法。

 思考与练习

1. 什么是创伤？创伤急救的基本原则有哪些？

2. 指压止血常用于什么情况下的止血？常用的指压止血方法有哪些？

3. 布料止血带的具体操作方法是怎样的？

4. 绷带的包扎方法有哪些？分别适用于什么部位的包扎？

5. 三角巾的包扎方法有哪些？

6. 固定的原则是什么？

7. 搬运的目的是什么？

第 四 章

突发事件处理

 内容概述

　　本章包括应急预案和突发事件应急处置两个小节。应急预案部分阐述了应急预案的定义、作用、内容、核心要素、特点、分类，现场处置方案和应急处置卡的编制及《国网技术学院突发事件总体应急预案》解读等内容；突发事件应急处置部分包括应急意识、防灾应急准备、突发事件应急处理、做一个合格的"第一响应人"等内容。

 学习目标

1. 掌握应急预案的定义、作用、内容、核心要素、特点、分类及相关规定要求。
2. 会编制现场处置方案及应急处置卡。
3. 会解读《国网技术学院突发事件总体应急预案》核心要素。
4. 掌握地震、踩踏和雷电现场避险逃生的措施。

第一节　应　急　预　案

一、应急预案概述

（一）应急预案的定义

　　应急预案是指针对可能发生的事故，为迅速、有序地开展应急行动而预先制订的行动方案。

（二）应急预案的作用

（1）应急预案是突发事件应急处置的基本原则。

（2）应急预案是突发事件应急响应的操作指南。

（3）应急预案是危机事件防控体系的描述文件。

（4）应急预案是应急资源调配及指挥协调的具体安排。

（三）应急预案的内容

　　应急预案的内容是回答"在什么样的情况下、由谁和哪些部门、用什么样的资源、采取什么样的应对行动"等问题，应明确在突发事件前、发生过程中以及刚刚结束后，谁负责做什么、何时做以及相应的策略和资源准备等内容。

（四）应急预案的核心要素

（1）方针与原则。

（2）应急策划（危害辨识与风险评价、资源分析、法规要求）。

（3）应急准备（机构和职责、应急资源、培训、演练等）。

（4）应急响应（接警与通知人群疏散与安置、指挥与控制、医疗与卫生、警报与紧急公告公共关系、通信与应急人员安全、事态监测与评估消防和抢险、警戒与治安泄漏物控制等）。

（5）现场恢复（决定终止应急的负责机构和决策人、防止误入事故现场的措施、宣布应急取消的程序、恢复正常状态的程序、连续检测受影响区域的方法、应急响应的调查、记录、评估方法等）。

（6）预案管理（职责分工、更新和修订等）。

（五）应急预案的特点

应急预案的特点包括科学性、可操作性、针对性、复杂性。

（六）应急预案的分类

（1）按行政区划分类，应急预案可分为国家应急预案、省应急预案、市应急预案、县应急预案、基层应急预案、企业应急预案。

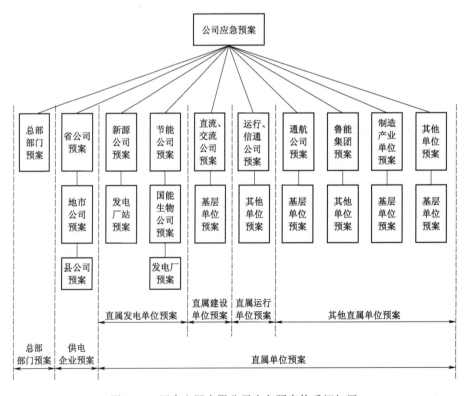

图 4-1 国家电网有限公司应急预案体系框架图

图 4-2　国家电网有限公司供电企业部分应急预案体系框架图

总部(分部)层面	省公司层面	地市公司层面
总部防恐应急预案	防恐应急预案	防恐应急预案
涉外突发事件应急预案	涉外突发事件应急预案	涉外突发事件应急预案
新闻突发事件应急预案	新闻突发事件应急预案	新闻突发事件应急预案
突发群体事件应急预案	突发群体事件应急预案	社会涉电突发群体事件应急预案 企业突发群体事件应急预案
重要保电事件(客户侧)应急预案	重要保电事件(客户侧)应急预案	重要保电事件(客户侧)应急预案
电力服务事件应急预案	电力短缺事件应急预案 电力服务事件应急预案	电力短缺事件应急预案 电力服务事件应急预案
突发公共卫生事件应急预案	突发公共卫生事件应急预案	突发公共卫生事件应急预案
总部消防安全应急预案	重要场所消防安全应急预案	重要场所消防安全应急预案
设备设施消防安全应急预案	设备设施消防安全应急预案	设备设施消防安全应急预案
配电自动化系统故障应急预案	配电自动化系统故障应急预案	配电自动化系统故障应急预案
调度自动化系统故障应急预案	调度自动化系统故障应急预案	调度自动化系统故障应急预案
水电站大坝垮塌事件应急预案	水电站大坝垮塌事件应急预案	水电站大坝垮塌事件应急预案
电力监控系统网络安全事件应急预案	电力监控系统网络安全事件应急预案	电力监控系统网络安全事件应急预案
突发环境事件应急预案	突发环境事件应急预案	突发环境事件应急预案
网络与信息系统突发事件应急预案	网络与信息系统突发事件应急预案	网络与信息系统突发事件应急预案
通信系统突发事件应急预案	通信系统突发事件应急预案	通信系统突发事件应急预案
设备设施损坏事件应急预案	设备设施损坏事件应急预案	大型施工机械突发事件应急预案 设备设施损坏事件应急预案
大面积停电事件应急预案	大面积停电事件应急预案	大面积停电事件应急预案
人身伤亡事件应急预案	交通事故应急预案 人身伤亡事件应急预案	交通事故应急预案 人身伤亡事件应急预案
地震地质等灾害应急预案	地质灾害应急预案 地震灾害应急预案	地质灾害应急预案 地震灾害应急预案
气象灾害应急预案	雨雪冰冻灾害应急预案 防汛应急预案 台风灾害应急预案	雨雪冰冻灾害应急预案 防汛应急预案 台风灾害应急预案
总体预案	总体预案	总体预案

59

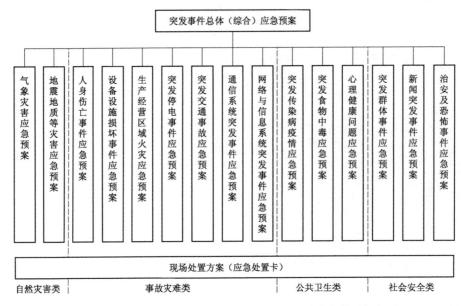

图 4-3 国家电网有限公司技术学院分公司应急预案体系框架图

（2）按责任主体分类，应急预案可分为政府应急预案、企业/部门应急预案。

（3）按突发事件类型分类，应急预案可分为自然灾害应急预案、事故灾难应急预案、突发公共卫生事件应急预案、突发社会安全事件应急预案。

（4）按功能分类，应急预案可分为总体（综合）应急预案、专项应急预案、现场处置方案。

电网企业应针对各类突发事件编制相应的应急预案，制订应急工作流程，明确主要工作职责和处置措施。图 4-1 所示为国家电网有限公司应急预案体系框架图，图 4-2 所示为国家电网有限公司供电企业部分应急预案体系框架图，图 4-3 所示为国家电网有限公司技术学院分公司应急预案体系框架图，根据工作需要，电网企业应急预案体系由总体应急预案、专项应急预案和现场处置方案构成。

二、现场处置方案编制

（一）现场处置方案的定义

现场处置方案是指在综合应急预案和专项应急预案的基础上，根据具体情况需要而编制的应急预案。

现场处置方案的特点是针对某一具体现场的特殊危险，在详细分析的基础上，对应急救援中的各个方面都做出具体、周密的安排，因而现场处置方案具有更强的针对性、指导性和可操作性。现场处置方案的编制要以实用、简洁为标准，过于庞大的现场预案不便于应急情况下的使用。

（二）现场处置方案的编制

参照《电力企业现场处置方案编制导则（试行）》（电监安全〔2009〕22 号）的要求编制现场处置方案，变电站火灾事故现场处置方案示例如下：

变电站火灾事故现场处置方案（示例）

1. 总则

为确保变电站发生火灾时正确有效处置，防止发生次生衍生灾害，保证人身及电网安全，特编制本方案。

2. 事件特征

变电站设备冒烟、燃烧，其他区域物品着火，火灾报警装置报警。

3. 应急组织及职责

3.1 值班负责人

（1）组织灭火并报警。

（2）保障人员、设备安全。

（3）汇报火灾情况。

3.2 值班人员

（1）灭火并报警。

（2）收集火灾信息。

4. 现场应急处置

4.1 现场应具备条件

（1）火灾报警、自动喷淋、充氮灭火等消防装置。

（2）灭火器、消防沙，消防斧、桶、锹、灭火毯等消防器材。

（3）防毒面具、正压式呼吸器等安全防护用品。

（4）应急照明设备。

（5）通信工具，上级及消防报警电话号码。

4.2 现场应急处置程序及措施

（1）立即断开着火区域相关设备各方面的电源，向调度汇报，并报告本部门领导及应急中心。运维站值班负责人要安排人员迅速赶往着火变电站。

（2）查明火情，使用消防沙、灭火器等灭火。

（3）拨打119报警，报警时提供变电站详细地址及火灾情况。

（4）火势无法控制时，值班负责人组织人员撤至安全区域，防止爆炸伤人。

（5）专业消防人员到现场后，指引位置、交代安全事项并进行安全监护。

（6）收集受灾信息，汇报运维检修部，同时向公司应急中心汇报。

5. 注意事项

（1）报警时应详细准确提供如下信息：单位名称、地址、起火设备、燃烧介质、火势情况、本人姓名及联系电话等内容，并指派人员在路口接应。

（2）扑救时，扑救人员应根据火情，佩戴防毒面具或正压式呼吸器，防止中毒或窒息。

（3）在采取措施后火情仍然无法控制的情况下，应尽快组织人员撤离火灾区域，确保人身安全。

6. 附件

相关人员通讯录等。

三、应急处置卡编制

（一）应急处置卡的定义

安全生产应急处置卡是为了确保某一特定风险的安全防范、某一特定岗位的规范操作或某一典型事件的科学处置，而编制的简明扼要的操作卡片。

（二）应急处置卡的编制

应急处置卡的编制形式可以是流程图、表格或顺序步骤等，便于悬挂、张贴或携带。

图 4-4 和图 4-5 所示分别是某变电站火灾应急处置卡的正、反面示例图。

一	现象描述
1	监控后台及泡沫喷雾系统报警盘发相应火灾报警
2	监控后台及泡沫喷雾系统报警盘发相应泡沫喷雾系统起动信号
二	处置步骤
1	工业视频或现场检查，确认主变压器已着火，检查相应主变是否停运，若未停运，紧急停运并汇报调度和领导
2	确认主变压器着火后，拨打 119 报警，通知人员疏散和志愿消防队出动
3	检查主变压器泡沫喷雾系统是否自动启动，若未启动手动启动（在相应的泡沫间有紧急手动启动阀），确认消防系统工作正常
4	手动启动主变压器泡沫喷雾系统方法： 方法一：计算机室泡沫消防控制屏上远方手动操作 第一步：在确认发生火灾的情况下，在计算机室泡沫主机上将主机状态由自动方式切至手动方式。 第二步：然后点击主机面板上的任意一个联动键（如消防广播等键）。 第三步：在根据火灾发生的设备，在面板上用数字键输入对应的点号，并按确认键，会显示出对应点号的名称，应再次核对无误。 第四步：然后按面板上的启动键，就会将对应的电磁阀门或氮气阀门打开。 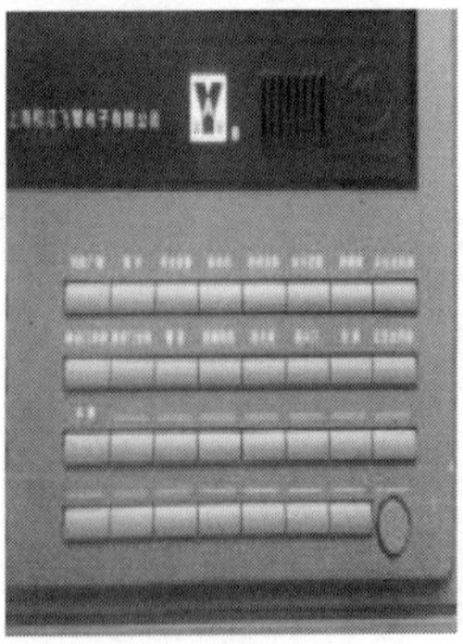  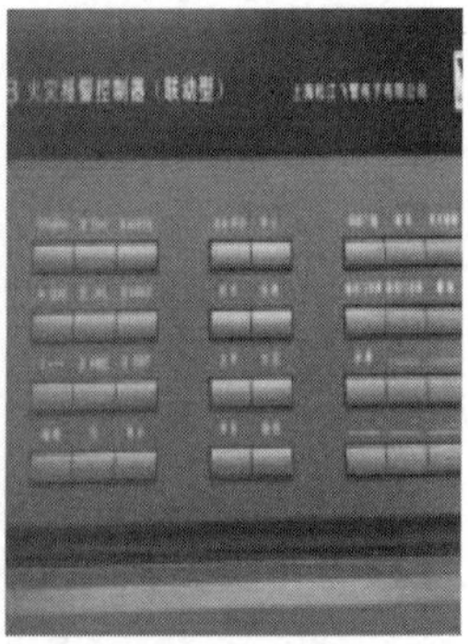

图 4-4　某变电站火灾应急处置卡（正面）

	方法二：就地紧急操作 第一步：拔掉启动源电磁阀的保险卡环。 第二步：按下启动源电磁阀上的按钮。 第三步：观察泡沫罐压力到达 0.5～0.6 兆帕，使用专用扳手逆时针打开相应的换流变压器分区出口电磁阀
	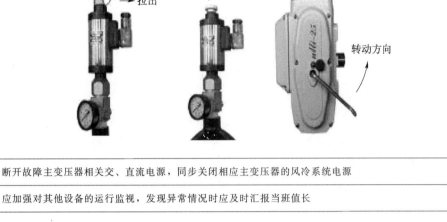
5	断开故障主变压器相关交、直流电源，同步关闭相应主变压器的风冷系统电源
6	应加强对其他设备的运行监视，发现异常情况时应及时汇报当班值长
7	组织志愿消防人员灭火，现场志愿消防员应使用泡沫混合液对着火主变压器进行灭火。并在政府消防队伍到达后协助灭火（注意站在警戒范围外，不可站在着火主变压器套管附近或交流引线下灭火）
8	用防火沙封堵故障主变压器两侧电缆沟，防止火势蔓延
9	安排专人持续监视消防水池水位，及时通告现场志愿消防队队长、政府消防队队长
10	检查主变压器及相邻设备明火是否被扑灭，若未扑灭，继续灭火及降温

图 4-5 某变电站火灾应急处置卡（反面）

学员突发疾病应急处置卡示例见表 4-1。

四、《国网技术学院突发事件总体应急预案》解读

（一）总则

1. 突发事件分类

突发事件是指突然发生，造成或者可能造成严重社会危害，需要立即采取应急处置措施予以应对，或者参与应急救援的自然灾害、事故灾难、公共卫生事件和社会安全事件。

2. 突发事件分级

根据突发事件的性质、危害程度、影响范围等因素，学院突发事件分为特别重大、重大、较大、一般四级。

3. 预案体系

（1）学院突发事件应急预案体系由总体预案、专项预案、现场处置方案构成。

表 4 - 1　　　　　　　　　　学员突发疾病应急处置卡

风险分析	学员存在可能因中毒、传染、中暑等引起急病风险						
预控措施	（1）提高饮食卫生水平。 （2）提高突发急病防范意识和急救技能						
处置原则	（1）现场紧急救护。 （2）拨打 120 急救电话求助。 （3）汇报上级						

应急电话及各级人员联络方式

报警电话	火警电话	急救电话	部门安全员	技术负责人	部门负责人	上级管理部门负责人

应急 处置 方式	（1）轻度症状可自行到医务室治疗，并通知班主任、培训管理人员，报部门领导。 （2）中度症状需住院治疗或卧床休息的，通知班主任、培训管理人员，报部门领导，安排车辆、联系医院。 （3）重度症状和突发急性疾病立即拨打 120 急救电话，并通知班主任、培训管理人员、安排随行护理人员，报部门领导。 （4）传染性疾病，发现疑似症状应通知班主任、培训管理人员，对疑似患者立即采取隔离措施（在自己房间不得流动）。同时调查记录与疑似患者有近距离接触的人员名单，也分别采取定点观察措施，避免感染范围的扩大。报部门领导、市防疫站。 （5）发现体温异常人员按规定及时采取措施，并报部门领导、市防疫站
应急物资	（1）急救箱及急救药品。 （2）通信工具

批准：　　　　　　　　审核：　　　　　　　　制作：

（2）总体应急预案是学院组织管理、指挥协调突发事件处置工作的指导原则和程序规范，是应对各类突发事件的综合性文件。

（3）专项应急预案是针对具体的突发事件、危险源和应急保障制订的计划或方案。

（4）现场处置方案是针对特定的场所、设备设施、岗位，在详细分析现场风险和危险源的基础上，针对典型的突发事件，制定的处置措施和主要流程。

4. 应急处置基本原则

以人为本，减少危害。

居安思危，预防为主。

统一领导，分级负责。

把握全局，突出重点。

快速反应，协同应对。

依靠科技，提高能力。

（二）学院突发事件危险源分析

（1）学院人群高度密集，高端教学培训设施设备集中，受自然环境、社会环境影响点多面广，不安全不稳定风险始终存在。

（2）现代社会信息发达，青年思想活跃，学员学生来自全国各地，学员学生安全、实训安全、治安安全、交通安全、消防安全、饮食卫生安全、后勤保障等存在较大安全风险。

（3）各种突发事件可能造成人身伤害、重大设备损坏、财产损失，影响学院正常培训教学秩序，甚至影响公司声誉和品牌。

（三）组织机构及职责

1. 常设领导及工作机构

（1）学院常设应急领导小组，全面领导学院应急工作。

（2）学院应急领导小组下设应急办公室。应急办公室设在安全实训部。

学院应急领导机构图如图 4-6 所示。

2. 临时工作机构

（1）根据突发事件类别和影响程度，成立相关事件应急处置领导小组（以下简称"专项处置领导小组"）。

（2）相关事件专项处置领导小组办公室（临时工作机构）设在事件处置牵头负责部门。

（3）学院突发事件归口管理部门见表 4-2。

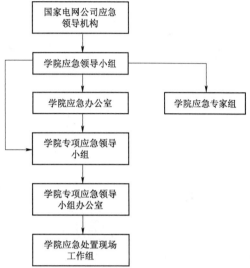

图 4-6 学院应急领导机构

表 4-2　　　　　　　　学院突发事件归口管理部门对应表

序　号	事　件　类　型	归口管理部门
1	人身伤亡事件	办公室
2	突发群体性事件	办公室
3	培训教学过程中突发事件	教务管理中心
4	学员学生活动过程中突发事件	学员学生工作部
5	网络信息系统突发事件	网大运管中心
6	重大实训设备设施损坏突发事件	综合服务中心
7	消防、保卫、饮食突发事件	综合服务中心
8	院区大面积停电、停水及后勤设备设施损坏突发事件	综合服务中心
9	公共卫生突发事件	综合服务中心
10	气象、地震地质等自然灾害突发事件	综合服务中心
11	突发事件新闻处置	党委党建部
12	保密突发事件	办公室

（四）预防与预警

学院突发事件预警流程如图 4-7 所示。

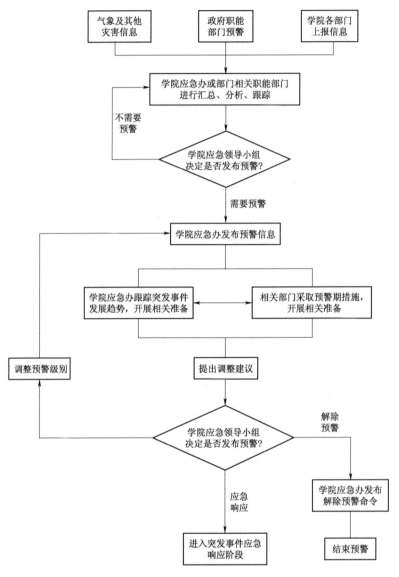

图 4-7　学院突发事件预警流程图

（五）应急响应

1. 先期处置

突发事件发生后，事发部门在做好信息报告的同时，要启动预案响应措施，立即组织本部门工作人员营救受伤害人员，疏散、撤离、安置受到威胁的人员；控制危险源，标明危险区域，封锁危险场所，采取其他防止危害扩大的必要措施。

2. 响应流程

学院突发事件应急响应流程如图 4-8 所示。

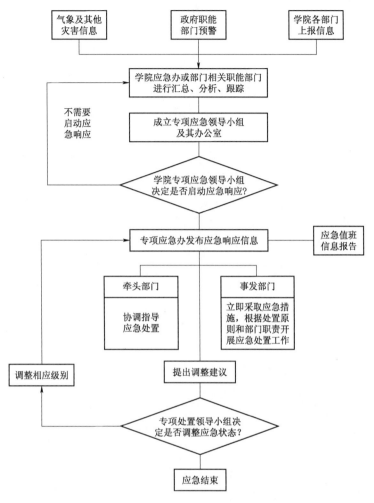

图 4-8 学院突发事件应急响应流程图

（1）初判发生特别重大突发事件、重大突发事件、较大突发事件，启动Ⅰ级应急响应。

（2）初判发生一般突发事件，启动Ⅱ级应急响应。

（3）初判发生一般以下突发事件，启动Ⅲ级应急响应。

（六）信息报告与发布

1. 信息报告

（1）报告程序。

1）预警期内各部门要向学院应急办报告综合信息。

2）应急响应期间各部门定时向专项处置领导小组报告综合信息。专项处置领导小组根据事态发展情况，定时向学院应急领导小组报告，学院应急领导小组办公室向公司有关部门报告。

（2）报告内容。

1）预警期内。包括突发事件可能发生的时间、地点、性质、影响范围、趋势预测和已采取的措施等。

2）应急响应期间。包括突发事件发生的时间、地点、性质、影响范围、严重程度、已采取的措施等，并根据事态发展和处置情况及时续报动态信息。

（3）报告要求。

1）各部门向学院汇报信息，必须做到数据源唯一，数据准确、及时。

2）Ⅰ级、Ⅱ级应急响应期间，执行每天两次定时报告制度。

3）预警期内和Ⅲ级应急响应期间，执行每天一次定时报告制度。

4）各部门启动预警或事件响应，但学院尚未启动者，由相关部门向学院相应职能部门汇报专业信息，向学院应急办汇报综合信息；报送内容及要求按本章相关内容执行。

5）各部门根据学院临时要求，完成相关信息报送。

6）学院事件处置牵头负责部门或专项处置领导小组办公室通过公司应急办向公司有关部门报告前，应经学院分管领导或学院专项处置领导小组审核批准，并执行公司有关规定。

2. 信息披露

（1）预警期内，学院应急办协助有关部门开展突发事件信息发布和舆论引导工作。

（2）应急响应期间，学院事件处置牵头负责部门或学院专项处置领导小组办公室协助有关部门开展突发事件信息发布和舆论引导工作。

（3）发布信息主要包括突发事件的基本情况、采取的应急措施、取得的进展、存在的困难以及下一步工作打算等信息。

（4）信息发布和舆论引导工作应及时主动、正确引导、严格把关。

（七）后期处置

后期处置包括善后处置、保险理赔、恢复重建、事件调查、处置评估等。

（八）应急保障

应急保障包括应急队伍保障、通信与信息保障、应急物资装备保障、技术保障、经费保障等。

（九）附则

附则包括预案培训、演练、预案制定与解释、预案维护与更新、预案评审和备案、预案实施等。

（十）附件

附件包括应急处置组织结构图、预警流程、应急响应流程、应急预案体系说明、应急机构人员联系方式、常用值班电话、应急响应通知模板、应急处置情况报告模板、结束应急响应通知模板等。

 本节小结

1. 应急预案概述：应急预案就是针对可能发生的事故，为迅速、有序地开展应急行动而预先制定的行动方案；根据工作需要，电网企业应急预案体系由总体应急预案、专项应急预案和现场处置方案构成。

2.《国网技术学院突发事件总体应急预案》解读：总则、学院突发事件危险源分析、组织机构及职责、预防与预警、应急响应、信息报告与发布、后期处置、应急保障。

 思考与练习

1. 什么是应急预案？
2. 按照突发事件类型划分，应急预案分为哪几类？
3. 应急响应都有哪几个流程？

第二节　突发事件应急处置

一、应急意识

（一）风险防范意识

风险本身并不是最可怕的，最可怕的是无视风险的存在，如果忽视风险，那么发生事故造成损失就是必然的了。因此，必须重视风险，定期进行风险识别和排查，根据风险类别和特点，分别制订和采取必要的应对措施，防患于未然。

（二）预警意识

完整的预警信息内容包括突发事件名称、预警级别、预警区域或场所、预警期起始时间、影响估计及应对措施、发布单位和时间等。在日常生活中，可以通过广播电台、电视、互联网、手机短信、客户端、公交和地铁移动电视、公共场所电子大屏幕、农村广播喇叭等获取预警信息。

采用正确的方式获得预警信息，知晓预警处置流程，根据预警的提示，分析研判事件特点，及时作出果断有效的应对措施，在灾害来临之前的有限时间内，作出充分的应对准备，才能把事件带来的损失降到最低。

（三）紧急呼救意识

突遇险情，当自身或他人安全受到威胁时，除了要求自身具有一定的自救常识和基本技能以外，往往需要外界救援力量的协助，此时应保持清醒的头脑和冷静的意识，同时在第一时间、以正确的方式向他人发出求救信号。比如众所周知的便民求助报警电话110、火灾报警电话119、交通事故求助电话122、紧急医疗救助电话120等，应掌握正确的拨打方式和事故情况描述内容及注意事项。除此之外，国际通用求救信号"SOS"以及一些相关求救方式等，也是非常必要的，如遇险求救时，可采用的火光信号、浓烟信号、声音信号、旗语信号、信息信号等。

（四）应急避险意识

意外会在不确定的时间、地点对人们的生命财产安全造成威胁，当意外或灾害来临，在第一时间采取正确的方式避险逃生，是必须具备的意识和技能，要求人们能进行异常现象的正确判断和对事件发生发展的预估，同时加强对一些常见突发事件的特点的了解和认知。比如，常见自然灾害如地震、滑坡、泥石流、雷电、洪涝、台风、海啸等的形成机理、性质特点及应急避险注意事项；常见意外伤害如烧伤、溺水、踩踏、交通事故、中暑、冻伤、触电等发生的原因、避险的原则、注意事项、预防措施等。

（五）防灾减灾意识

早在 1989 年，联合国大会将每年 10 月第二个星期三定为国际减灾日。2009 年改为每年 10 月 13 日，全称"国际减轻自然灾害日"。我国也自 2009 年起，将每年 5 月 12 日确定为全国"防灾减灾日"，旨在大家携手，共同防灾减灾。

二、防灾应急准备

（一）制订应急计划

（1）了解住所周围疏散线路，牢记安全出口，告知全部家人。

（2）制订应急通讯录，设定突发情况下，家庭成员的避难会合地点。

（3）优先考虑特殊人群的特殊需求（老幼病残孕）。

（4）妥善保管重要物品（保险单、合同、资产清单、存折等），并准备好复印件。

（5）熟悉水、电、气总阀的位置及操作程序，告知全部家人。

（6）学习掌握紧急救护知识，掌握灭火器材的使用方法。

（二）配备应急防护用品

1. 家庭防灾综合应急包（图 4-9）。

家庭防灾综合应急包内含应急食品（军用救生水、压缩干粮等）、应急工具（折叠锹、防滑手套、应急保温毯、蓄光发光安全绳、六合一多功能收音手电、多功能工具钳、无烟蜡烛、防风防水火柴等）和急救用品（创可贴、酒精消毒片、碘伏片、单兵消毒剂、三角巾、自粘式伤口敷料等）。

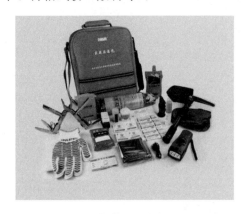

图 4-9　家庭防灾综合应急包

紧急情况发生时，应急食品可以维持基本生命需求。应急工具和急救用品可用来进行创伤消毒、包扎、照明、保温等。放置于家庭中显眼位置，以便紧急状况发生时迅速取用。

2. 家庭消防应急包（图 4-10）

家庭消防应急包内含应急工具（蓄光发光安全绳、防滑手套、高频口哨、LED 小手电、黑斧、应急保温毯、水基灭火器、灭火毯、逃生面具、急救手册、应急信息卡等）和急救用品（创可贴、酒精消毒片、碘伏片、单兵消毒剂、三角巾、自粘式伤口敷料、弹性绷带等）。

紧急状况发生时，可进行消防、逃生、求救、创伤消毒、包扎等，适用于家庭多种状况下的消防应急需求。

3. 户外综合应急包（图 4-11）

户外综合应急包内含应急食品（军用救生水、压缩干粮等）、应急工具（军锹、军用指北针、营地灯、六合一多功能收音手电、24 小时保温军用水壶、蓄光发光安全绳、应急保温毯、高频口哨、多功能工具钳、防滑手套、无烟蜡烛、防风防水火柴等）。

图 4-10 家庭消防应急包

图 4-11 户外综合应急包

紧急情况发生时,可进行照明、求救、保温等,是户外应急的必备良品。

《家庭防灾应急包》(GB/T 36750—2018)规定,为了应对突发事件,防御与减轻灾害,科学合理地设置个人、家庭应急救助用品,满足最基本的应急需求,提高自救互救的能力,支持遇险者尽快脱险,最大限度地延长维持生命的时间,制发本标准。标准要求应急包应具有帮助逃生疏散、自救互救、求救、等待救援等功能,应急包应小型、轻便、方便保存和携带。

(三)组织应急疏散

1. 应急疏散的定义

应急疏散是指在即将或已经发生突发事件(自然灾害、生产事故、群体性安全事件等)情况下,有组织地指挥、疏导危险区域的人员,引导受害人员沿设定的路线、方式,以最短的时间撤离至安全区域的过程。

据统计,凡造成重大人员伤亡的重大事故,如重大火灾,大部分是因没有可靠的安全疏散设施或管理不善,人员不能及时疏散到安全避难区域造成的。

为避免建筑物发生火灾时室内人员因火烧、缺氧窒息、烟雾中毒和房屋倒塌等造成伤亡,同时尽快抢救、转移室内物品和财产,减少火灾造成的损失;也为消防人员借助于建筑物内的安全疏散设施来进行灭火救援等,建筑物设计必须充分考虑安全疏散。

积极有效的应急疏散是降低灾害带来的损失,和减少人员伤亡的重要手段。

掌握必要的应急疏散知识和技能,可使公民在事故情况下有效避险、安全逃生、确保生命安全;也可尽最大可能降低事故风险、防止事故扩大,减少灾害损失。

2. 应急疏散需考虑的因素(图 4-12)

在一定的疏散速度条件下,设定疏散人数,通过安全出口数量、宽度和形式的设计,合理确定安全疏散距离,使建筑物内人员的疏散时间小于允许疏散时间,保证人员安全撤离,保护人的生命安全。

3. 识别应急疏散设施

应急疏散设施包括安全出口、疏散楼梯、疏散走道、消防

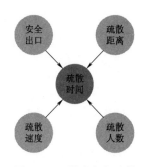

图 4-12 影响应急疏散时间的因素

电梯、事故广播、防排烟设施、屋顶是升级停机坪、应急避难场所、避难层、事故照明、安全知识标志等。

4. 组织应急疏散

（1）制订应急疏散方案。应根据应急疏散方案定期进行疏散演习。应急疏散方案应包括以下内容：演练目的、演练时间、演练地点、事件（报警）信号、演练指挥及工作组分工（协助指挥小组、警戒小组、宣传小组、救护小组、报警小组等）、疏散管理组织方案（疏散命令、疏散信号、疏散路线、疏散顺序、疏散引导、集合地点、人员清点、注意事项等）等。

（2）熟知应急疏散路线图。应急疏散路线图主要针对应急指示标志、应急灯、地面导视等指示装置明确要求，一般安装在车间、厂房、办公楼（室）、教学楼、实训楼、宾馆及其他公共场所的楼梯口、进出口等，要醒目、无遮挡。

（3）熟知应急疏散指示标志。应急疏散标志的设置部位如下：

1）公共建筑、高层厂房（仓库）及甲乙丙类厂房的疏散通道和安全出口、疏散门的正上方。

2）除二类居住建筑外，高层建筑的疏散走道和安全出口处。

3）地下室、层间错位的楼梯间（如避难层的楼梯间）应设灯光疏散指示标志。

远离出口的地方，应将"出口"标志与"疏散通道方向"指示标志联合设置，箭头须指向通往出口的方向。

下列建筑或场所应在其内疏散通道和主要疏散路线的地面上增设能保持视觉连续的灯光疏散指示标志或蓄光疏散指示标志。

1）总建筑面积超过8000平方米的展览建筑。

2）总建筑面积超过5000平方米的地上商店。

3）总建筑面积超过500平方米的地下、半地下商店。

4）歌舞娱乐放映游艺场所。

5）座位数超过1500个的电影院、剧院，座位数超过3000个的体育馆、会堂或礼堂。

5. 定期进行应急疏散演练

略。

6. 普及疏散逃生技巧

略。

三、突发事件应急处理

（一）地震逃生与避险

1. 平时做好应急准备

（1）制订应急预案。

（2）加固建筑物。

（3）普及宣传教育。

（4）确定逃生路线和避震场所，保证畅通无阻。

（5）加强食品、饮用水的储备，加强急救药品和医疗器械储备。

（6）经常进行抗震演练。

2. 震中求生秘诀

靠外不靠里、近水不近火、避开危险路、生命三角区（图4-13）

（1）尽量保护头部，便于呼吸。地震过后，首先应设法在保护头部不受伤的情况下解决呼吸问题，这是自救的首要一步。地震时应尽量往厨房、卫生间等有三角空间的狭小地方跑，也可躲在桌旁抱头屈膝，让头部低于桌子高度，尽可能用枕头、椅垫保护头部，如图4-14所示。

图4-13　生命三角区

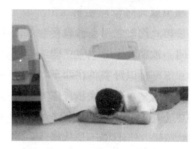

图4-14　室内避震

（2）地震来时，办公室里哪儿最安全？一是写字楼电梯间周围，因为这个地方是由钢筋混凝土灌注的；二是办公室里的柱子旁，这些柱子大多承重性强，材质好；三是卫生间；四是桌椅旁。

（3）地震来时，如果你正在超市、商场里，那么最安全的地方是：商场里承重的柱子周围、低矮没有玻璃的货柜下。而较为高大的货架、玻璃柜台周围和吊灯、电扇等悬挂物下则比较危险。

（4）如果不幸被瓦砾埋压不能动，别人又听不见你的呼救声，这时，尽量从周围找到石块、铁器发出敲击声示意自己的位置。

（5）如果你被困住不能动，发出求救信号也没有得到回应，千万别拼命呼喊过度消耗体力。此时，仔细辨别周围动静，相信自己最终能获救，是让你顽强生存下去的有效方法。图4-15所示为震中求生的注意事项。

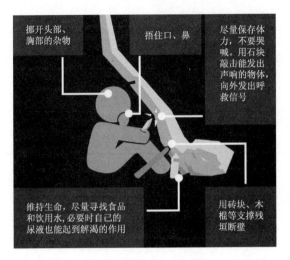

挪开头部、胸部的杂物

捂住口、鼻

尽量保存体力，不要哭喊。用石块敲击能发出声响的物体，向外发出呼救信号

维持生命，尽量寻找食品和饮用水，必要时自己的尿液也能起到解渴的作用

用砖块、木棍等支撑残垣断壁

图 4-15 震中求生

国际通行的地震逃生原则是遵守"伏地、遮挡、手抓牢"的原则，应躲避在重心较低、结实牢固的桌子下，紧紧抓牢桌子腿，用坐垫等物保护好头部，这种方法在房屋不会倒塌的情况下更安全，到目前仍然是有效的。

（二）雷电天气应对

1. 室内防雷

（1）雷雨天气时，要注意关好门窗，以防止雷电侵入。

（2）雷雨天气时，应把家用电器电源切断，并拔掉电源插头，不要使用带有外接天线的收音机和电视机，不要拨打固定电话。

（3）雷雨天气时，不要接触天线、煤气管道、铁丝网、金属窗、建筑物外墙等，远离带电设备，不要赤脚站在泥地或水泥地上。

（4）雷电交加时，不要使用喷头洗澡。

2. 户外避雷

（1）立即寻找避雷场所，可选择有避雷针、钢架或钢筋混凝土的建筑物等处所，但是不要靠近防雷装置的任何部分。若找不到合适的避雷场所，可以蹲下，两脚并拢，双手抱膝，尽量降低身体重心，减少人体与地面的接触面积。如能立即披上不透水的雨衣，防雷效果更好。

（2）不要待在露天游泳池、开阔的水域或小船上，不要停留在树林的边缘；不要待在电线杆、旗杆、干草堆、帐篷等没有防雷设施的物体附近；不要停留在铁轨、水管、煤气管、电力设备、拖拉机、摩托车等外露金属物体旁边；不要停留在山顶、楼顶等高处；不要靠近孤立的大树或烟囱；不要躲进空旷地带孤零零的棚屋或岗亭里。

（3）不要在旷野中打伞或高举羽毛球拍、高尔夫球杆、锄头等，应立即停止打球、攀登、钓鱼、游泳等户外活动。

（4）不能骑摩托车、自行车冒雨狂奔，人在汽车里要关好车门车窗。

（5）多人一起在野外时，应相互拉开一定距离，不要挤在一起。

（6）高压电线遭雷击落地时，要当心地面"跨步电压"的电击。逃离的正确方法是双脚并拢，跳着离开危险地带。

（7）身处旷野要关闭手机。

3. 抢救遭雷击人员

（1）遭雷击烧伤或严重休克的人，身体是不带电的，抢救时不要有顾虑，应该迅速扑灭他身上的火，实施紧急抢救。

（2）若伤者失去知觉，但有呼吸和心跳，则有可能自行恢复。应该让他舒展平卧，安静休息后再送医院治疗。

（3）若伤者已停止呼吸和心跳，应迅速果断地交替进行人工呼吸和胸外按压，并及时送医院抢救。

（三）人员密集场所安全注意事项

1. 人员密集场所

人员密集场所包括饭店、宾馆等旅馆餐饮场所；影院、KTV、体育场馆、公共娱乐场所；公共阅览室、展览馆、博物馆等文化交流场所；火车站、客运站、航站楼、客运码头等交通枢纽场所；商场、超市、集贸市场等商业活动场所；医院的门诊楼、病房楼；学校的教学楼、图书馆、食堂、集体宿舍；养老院、福利院、托儿所、幼儿园；劳动密集型企业的生产车间、集体宿舍；旅游景区；宗教活动场所；"三合一、多合一"场所；高层住宅楼等。

2. 人员密集场所事故特点

人员密集场所事故特点是人员伤亡大、经济损失大、突发性强、难于控制。

3. 进入人员密集场所注意事项

（1）进入人员密集的场所后，先要注意观察安全出口的位置和疏散通道、安全门，牢记箭头指示的疏散方向。

（2）不要去只有一个安全出口、营业期间安全门上锁等不正规的公共场所。

（3）不要去安全出口、安全梯、疏散通道被堵塞或堆积杂物的场所。

（4）在公共场所不要随意将未熄灭的烟头等带有火种的物品随意丢在垃圾桶、绿化带或过道上，成为危险源。

（5）在聚会时不在人员密集场所、建筑物内存放易燃易爆等危险品的仓库附近燃放烟花爆竹、点燃蜡烛或放飞孔明灯。

（6）遇到火灾，第一时间拨打119报警电话。

（7）在公共场所遇到火灾时，应根据工作人员的引导进行疏散，不要相互拥挤，以免发生挤压踩踏事故。

4. 遇到拥挤踩踏的自我保护

（1）发现有大批人群朝自己方向过来，尽量避开，躲在一旁，或蹲在附近的墙角，等人群离开。

（2）一旦进入拥挤的人群，不要在人流中停下，不要逆流而上，防止被推倒，不要贸然蹲下提鞋、系鞋带、捡东西等。

（3）保持镇定，稳住重心防止摔倒。

（4）人群异常拥挤时，左手握拳，右手握住左手手腕，双手撑开平放胸前，以形成一定空间保证呼吸，如图 4 - 16 所示。

（5）看到别人摔倒，不要继续前行，大声呼救，告诉后面的人不要靠近。

（6）一旦摔倒，双膝尽量前屈，护住胸腔和腹腔的重要脏器，侧躺于地，两手十指交叉相扣，护住后脑勺和颈部，两肘向前护住太阳穴，身体尽量缩成一团，还要尽量靠近墙角，如图 4 - 17 所示。

图 4 - 16　自我保护

图 4 - 17　摔倒时的保护动作

四、做一个合格的"第一响应人"

1. "第一响应人"的概念

"第一响应人"是指地震、火灾等突发事件发生后，就在事发现场或能在第一时间赶到事发现场，拥有救护证书且能在应急救援中提供最基本生命救助的人员，具有快速组织、指挥协调、专业处置能力，能够指挥现场民众徒手或利用简单工具开展抢险救灾的人员。

2. "第一响应人"的重点人群

"第一响应人"的重点人群包括公安民警、机动车驾驶员、长途客运司乘人员、建筑管理人员、导游人员、大型商场相关人员、民用航空业相关人员、电力石化天然气从业人员、高校大学生、学校教师、校车驾驶员、公交司乘人员、游泳场（馆）救生人员、文化娱乐场所重要岗位安保人员、小区物业管理人员、社区应急志愿者等。

3. "第一响应人"的职责

（1）初期处置。

（2）自救互救。

（3）组织别人疏散逃生。

（4）及时向周围人发出事件警告并准确报警。

（5）配合政府实施救援。

4. "第一响应人"的要求

（1）具有必备的避险逃生、自救互救、应急处置知识和技能。

（2）沉着冷静、科学应对，具有较强的组织协调能力。

（3）能在突发事件现场处置中发挥重要作用。

（4）具有强烈的社会责任感和生命至上的态度。

（5）具备相应资质证书。

（6）不能只有勇气和胆量，更要有智慧和能力。

 本节小结

1. 应急意识：风险防范意识、预警意识、紧急呼救意识、应急避险意识、防灾减灾意识。

2. 防灾应急准备：制订应急计划、配备应急防护用品、组织应急疏散。

3. 地震逃生与避险："靠外不靠里、近水不近火、避开危险路、生命三角区"。

 思考与练习

1. 应急意识都包括哪些方面的内容？

2. "第一响应人"的职责都有哪些？

第五章

网络信息安全知识

 内容概述

    本章包含信息安全意识和《网络安全法》宣贯两个小节。信息安全意识包括信息安全意识的含义，提升信息安全意识的重要性、信息安全建设的现状、国家电网有限公司信息安全的相关要求、国家电网有限公司信息安全的基本保障措施。《网络安全法》宣贯包括《网络安全法》的重要性、《网络安全法》的内容解读、《网络安全法》的宣贯。

 学习目标

1. 了解信息安全的重要性。
2. 具备一定的信息安全意识。
3. 熟悉国家电网有限公司信息安全要求与规章制度。
4. 了解《网络安全法》法律规范。

第一节　信 息 安 全 意 识

一、信息安全意识的含义

（一）信息安全意识观念

    信息安全意识就是人们头脑中建立起来的信息化工作必须安全的观念，也就是人们在信息化工作中对各种各样有可能对信息本身或信息所处的介质造成损害的外在条件的一种戒备和警觉的心理状态。

    在企业和组织内开展信息安全意识教育势在必行，必须对信息安全意识的本质有清晰且深刻的认识。意识是人们对事物的初期认识，是在长期的锻炼学习中所获得的一种对事物的价值观与评价。意识的本质是客观对象的主观映象，是对客观存在的反映。在长期工作和生活中，大脑自然产生的结论，会形成一种精神上的条件反射，因此要想形成这种条件反射，就需要经过一定的时间不断刺激。

    信息安全意识属于意识的一种，是人所特有的一种对信息安全的高级心理反映形式；也是人们在工作和生活中面对各种有可能对自己、企业和组织造成损失的外在环境条件的一种戒备和警觉的心理状态。员工只有有了信息安全意识，才会有好的信息安全行为；有了好的信息安全行为，才会有好的信息安全习惯，人人都养成好的信息安全习惯，才能有效保障企业和组织的安全。信息安全意识的养成要从习惯抓起。世界上最可怕的力量是习惯，最宝贵的财富也是习惯。而要改变人们身上的不良习惯，必须首先转变人们思想上的不良观念和意识。因为在人的大脑中所形成的观念和意识，支配着人的行为，即习惯性行为，而行为习惯又体现并创造企业文化。提升信息安全意识的最终目的是要在企业和组织内建立起信息安全文化。

从实践中发现，通常企业和组织信息安全文化的建立与发展有以下几种形式。第一种是靠制度约束，设立条条框框，不能越雷池半步，这是一种强制文化；第二种是靠技术手段监督，使每一个人在意识上产生不敢违章心理，这是一种压制文化；第三种是提升全员的信息安全意识，使每一个人养成良好的信息安全行为习惯，以及保护企业信息的责任感，并使之成为企业文化之一，由于人的信息安全意识具有能动性质，这是一种能动文化。显然，前两者都是被动的，而后者是主动的。

（二）信息安全意识统计

某调查机构曾进行信息安全意识的问答，在 2097 份有效数据样本中，信息安全意识很好的受访者有 197 人，占 9.39%；信息安全意识较好的受访者有 245 人，占 11.69%；信息安全意识一般的受访者有 658 人，占总受访者的 31.37%；信息安全意识较差的受访者有 505 人，占总受访者的 24.07%；信息安全意识很差的员工有 492 人，占总受访者的 23.48%。信息安全意识水平分布图如图 5-1 所示。

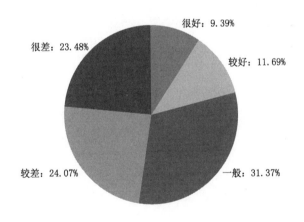

图 5-1 信息安全意识水平分布图

通过对有效调查问卷的分析与统计，受访者在物理安全、数据备份、系统安全、移动介质、邮件安全、信息安全责任意识等相关安全意识方面做得相对较好；而受访者在口令密码安全、计算机终端安全、社会工程学、无线网络安全、信息防泄漏等相关安全意识方面做得相对较差。信息安全意识各领域分析如图 5-2 所示。

（三）常见的信息安全意识分类

近年来，安全事件"层出不穷"、商业泄密案"触目惊心"、个人信息"唾手可得"、

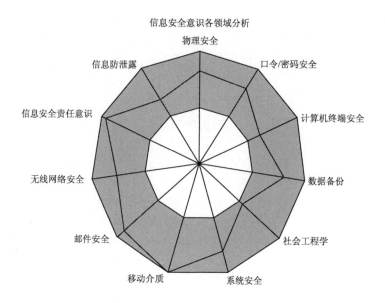

图 5-2 信息安全意识各领域分析

网络犯罪"蒸蒸日上",很多企业都意识到解决企业信息安全问题迫在眉睫,有的企业在大力加强企业信息安全体系的建设,针对信息安全设备进行全面检查;也有的对这些操作人员重新进行更多的培训,让他们掌握更多更全面的设备操作和技术,以防止新的攻击和进行更高的防御等。然而这些企业却忽视了企业整个信息安全体系的最关键因素——"人"! 无论多么精良的设备,多么严谨的系统与体系,如果员工的信息安全意识不足,在他们工作形成习惯之后,认为无关紧要的东西,无意"泄露"出去之后,将会给企业带来不可估量的损失。

1. 物理安全意识

员工应具备规范的信息安全意识行为习惯,对周围环境等设施留心观察,能够清楚地了解哪里存在信息安全隐患。

2. 口令/密码安全意识

员工应清晰地明白"数字+字母+符号+大小写"这种相对安全的口令/密码设置规则,并且养成定期更换口令/密码的工作习惯。

3. 计算机终端安全意识

员工应掌握基本的计算机防护操作,锁屏是计算机防护操作不可或缺的一部分,并熟悉锁屏操作技巧。同时,应对基本的计算机防护知识有所了解,能够处理一般的终端安全问题。

4. 数据备份安全意识

电脑中的数据承载巨大的价值,如果丢失或被窃取、窜改,将承受巨大的时间、金钱和精神上的损失,因此电脑数据定期备份至关重要。定期数据备份是日常工作必不可少的操作,也是保证业务连续性的重要一环。

5. 社会工程学安全意识

黑客们经常会假扮管理员的身份向员工索要相关账户密码，从而侵入系统进行非法操作。企业员工需要拥有良好的信息安全意识，遇到敏感问题或外来陌生人员，不轻易相信，确保不泄露机密信息。

6. 系统安全意识

企业员工应能识别一些类型文件的潜在病毒危险，并且认识到这些安全漏洞会对计算机带来的巨大威胁，能够及时升级计算机病毒数据库，更好地防护计算机系统。

7. 邮件安全意识

邮件是员工日常办公的主要工具，对于邮件所带的不明链接、有毒附件，企业员工要警惕，不轻易点开链接或下载。

8. 移动介质安全意识

U 盘、移动硬盘、光盘这些移动介质方便小巧，为存储、移动数据带来诸多便利，但是企业员工也应知道移动介质也很容易造成病毒的感染与泛滥、泄密等后果。为进一步确保信息安全，企业应当为员工配备专用的工作 U 盘、移动介质。

9. 无线网络安全意识

随着现在免费 WiFi 网点的增多，无线网络安全已经越来越受到关注，企业员工应认识到无线网络潜在的危险性，做到不轻易接入未知的无线网络。

10. 信息安全责任意识

信息安全，人人有责。每个人都是信息安全工作重要的一环。企业员工应深知信息安全是每个人肩负的责任，与每一位员工都息息相关，而提高信息安全意识是信息安全所有工作的重要基础。

11. 信息安全防泄露安全意识

微博等为现代人提供了发泄情绪、表达观点、畅所欲言的平台，而很多人并没有意识到，自己随口而出的一句话，很可能被不法分子所利用。微博泄密等案件屡屡发生，企业应对员工做一定的约束和信息安全宣贯工作，有效降低信息安全事件发生的概率。

二、提升信息安全意识的重要性

2011 年 12 月底国内发生的互联网用户信息泄露事件，涉及 CSDN、人人网、天涯、开心网、多玩、世纪佳缘、珍爱网、美空网、百合网、178、7K7K 等众多知名网站，因此被媒体广为报道。事件的起因是这些网站采用明文存储用户名和密码，在遭受黑客攻击后大量用户敏感数据被公布在互联网上。很多信息安全人士从技术角度进行了分析，我们不妨换一个视角去看这个事件，相信诸如 CSDN 国内最大的程序员网站，其安全防护措施应该都具备，安全人员的技术能力也比一般组织要强，那到底是什么导致了最终用户数据泄露？

在人们质疑这些网站抵御攻击能力的同时，大家也注意到了一个关键的问题，是他们都采用明文方式存储用户数据。对于普通人来说"加密"这个术语是个"技术问题"，然而对于专业从事信息安全相关技术人员（包括管理人员、开发设计人员、安全管理员、审计人员等）来说，这不是"技术问题"，而是"安全意识问题"。

为什么说是意识问题？如果以一道考题的形式出现"用户名和密码在系统中应明文存储还是加密存储？"，我相信以上人员都会选择后者，然而事实却恰恰相反。"安全意识问题"表象总结为三类：第一类，确实不知道，所谓无知者无畏；第二类，知道但不重视或忽视；第三类，存在侥幸心理，认为事情不会发生在自己头上。对于此次事件，明显属于后两者。

实际上，由安全意识引发的问题层出不穷，并且单位的各个层面都存在，下面通过几个案例来说明：

【案例 1】圆通 10 亿快递信息泄露

2018 年 6 月，暗网中一位 ID "f666666"的用户开始兜售圆通 10 亿条快递数据，该用户表示售卖的数据为 2014 年下旬的数据，数据信息包括寄（收）件人姓名、电话、地址等信息，10 亿条数据已经去重处理，数据重复率低于 20%，数据被该用户以 1 比特币打包出售。有网友验证了其中一部分数据，发现所购"单号"中，姓名、电话、住址等信息均属实。

【案例 2】万豪酒店 5 亿用户信息泄露

万豪国际集团 2018 年 11 月 30 日发布公告称，旗下喜达屋酒店客房预订数据库遭黑客入侵，约 5 亿名客人的信息可能被泄露。万豪酒店在随后的调查中发现，有第三方对喜达屋的网络进行未经授权的访问。目前，未经授权的第三方已复制并加密了某些信息，且采取措施试图将该信息移出。

万豪国际集团披露，已知的是，大约 3.27 亿客人的个人姓名、通信地址、电话号码、电子邮箱、护照号码、喜达屋 SPG 俱乐部账户信息、出生日期、性别等信息都已经可能全部泄露。

【案例 3】华住酒店 5 亿用户数据泄露

华住酒店集团旗下酒店用户信息在"暗网"售卖，售卖者称数据已在 2018 年 8 月 14 日脱库。身份证号、手机号，一应俱全，共涉及 5 亿条公民信息。涉及酒店范围包括汉庭、美爵、禧玥、诺富特、美居、CitiGO、桔子、全季、星程、宜必思尚品、宜必思、怡莱、海友。此次泄露的数据数量总计达 5 亿条，全部信息的打包价为 8 比特币，或者 520 门罗币（约合人民币 38 万元）。卖家还称，以上数据信息的截止时间为 2018 年 8 月 14 日。

随后，华住酒店集团官方微博回应此事称："已经报警了。真实性目前无法查证，我们信息安全部门在紧急处理中"。同时官方微博也呼吁，请相关网络用户、网络平台立即删除并停止传播上述信息，保留追究相关侵权人法律责任的权利。

三、信息安全建设的现状

（一）国家信息安全建设

我国信息化建设缺乏核心技术，信息技术自主创新能力不足，对发达国家的信息技术与装备存在很强的依赖性，始终没有摆脱"受控于人"和"受制于人"的被动状态与危险局面。信息化战争的情况下，我国的军事、电力、电信、金融等关键网络系统的安全性、可靠性令人担忧。

2012年，党的十八大首次明确提出"健全信息安全保障体系"的目标。党的十八届三中全会《中共中央关于全面深化改革若干重大问题的决定》中提出"加大依法管理网络力度，加快完善互联网管理领导体制，确保国家网络和信息安全"；推出网络安全审查制度，维护国家网络安全、保障中国用户合法利益。

2014年1月24日正式设立国家安全委员会，2014年2月27日，中央网络安全和信息化领导小组成立，统筹协调涉及经济、政治、文化、社会及军事等各个领域的网络安全和信息化重大问题，中共中央总书记习近平亲自担任组长，信息安全提升至国家战略层面。

2016年11月7日全国人民代表大会常务委员会发布了《中华人民共和国网络安全法》（以下简称"《网络安全法》"），自2017年6月1日起施行，旨在通过立法的方式将网络与信息安全法治化。这是我国首部网络安全方面的基本法，在保障网络安全，维护网络空间主权和国家安全、社会公共利益，保护公民、法人和其他组织的合法权益，促进经济社会信息化健康发展方面具有重要意义。

当前随着能源电力技术与现代信息通信技术深度融合，智能电网快速发展，大量智能设备、电力电子设备投入和使用，二次系统、通信网络和信息系统在电力系统中的作用愈发重要，利用网络攻击电力监控系统、破坏电网安全已成为重大威胁。

网络空间安全形势日趋复杂严峻是信息通信工作面临的一个重大课题，世界各国针对电力信息基础设施的安全威胁和攻击日益增多。2017年施行的《网络安全法》将能源、电力重要信息系统列为国家关键信息基础设施，纳入国家重点保护范围。随着通信网络和信息系统在电网安全中的作用越来越凸显，网络安全及信息通信保障工作面临更加严峻的考验。

近年来，国家电网有限公司网络信息系统遭到恶意网络攻击日益频繁，2017年国家电网有限公司互联网出口遭攻击达353万次，同比增加60%。

（二）国家电网有限公司信息安全特点

1. 安全风险高

信息化程度高，发生安全事件影响范围极大，直接关系国计民生和国家安全。

2. 防范难度大

跨地域经营，网络结构复杂，对社会公众提供服务，信息安全风险点和暴露面多。

3. 成为重点攻击目标

电网控制系统、企业网站和企业业务应用等成为重点攻击目标，攻击来源、攻击精准度、攻击方式和攻击频次逐年递增，信息安全形势日趋严峻。

（三）国家电网有限公司信息安全面临的风险

1. 利益驱动

国家电网有限公司生产、经营、管理数据（电网规划、运行调度、招投标、金融资产、用户数据）不仅事关国家安全，而且商业价值巨大，备受黑客地下产业链关注。

2. 内部威胁

管理层级多、链条长，基层单位信息安全意识薄弱，存在习惯性违章、越权访问、数据窜改行为。

3．敌对势力

电网控制系统成为国外敌对势力重点攻击目标和演习假想对象，攻击来源、攻击精准度、攻击方式和攻击频次逐年递增。

4．工控威胁

电网智能化程度提升，增大工控系统主站、通道、终端层安全风险，如边界接入、软硬件漏洞后门、运维终端违规等。

（四）国家电网有限公司面临的信息安全形势

1．移动互联网安全风险不容忽视

随着移动互联网应用的丰富和5G、WiFi网络的快速发展，针对移动互联网智能终端的恶意程序也将继续增加，智能终端将增加企业敏感信息泄露风险，是黑客攻击的重点目标。

2．工控系统存在重大安全隐患

见本小节（三）中4内容。

3．网络融合带来新的安全隐患

随着电信网络向下一代网络的过渡和演进，封闭环境开放，外部攻击者有可乘之机。

4．新技术的安全风险

云计算、物联网等技术应用给用户隐私保护及信息保密带来巨大挑战。

5．关键基础设施面临的风险升高

高铁、证券对电力系统的依存性及银行、医疗、保险、公安系统的互联互通，使信息安全风险不断升高。

6．大数据分析将带来信息安全的全新变革

基于传统安全的防病毒、防火墙等技术将加快向以大数据分析监控系统的安全技术转变。

四、国家电网有限公司信息安全的相关要求

国家电网有限公司拥有全球规模最大的电力专用通信网和一体化集团企业级信息系统，国家电网有限公司网络与信息系统有效支撑了国家电网有限公司各项业务的开展，全面提高了电网安全、生产效率和服务质量，其基础性、全局性、全员性作用日益增强。信息安全作为信息化深入推进的重要保障，与电网安全生产密切相关，对国家电网有限公司生产、经营、管理工作有重要意义，对电网安全有着重大影响。

（一）国家电网有限公司信息防护体系的简介

国家电网有限公司信息系统部署于管理信息大区和生产控制大区，管理信息大区用以支撑国家电网有限公司不涉及国家秘密的企业管理信息业务应用，包括国家电网有限公司一体化信息集成平台、业务应用系统及支持系统正常运营的基础设施及桌面终端。管理信息大区划分为用于承载业务应用和内部办公的信息内网（可涉及企业商业秘密），以及用于支撑对外业务和互联网用户终端的信息外网（不涉及企业商业秘密）。国家电网有限公司网络分区示意图和国家电网有限公司电力二次系统安全防护体系示意图如图5-3和图5-4所示。

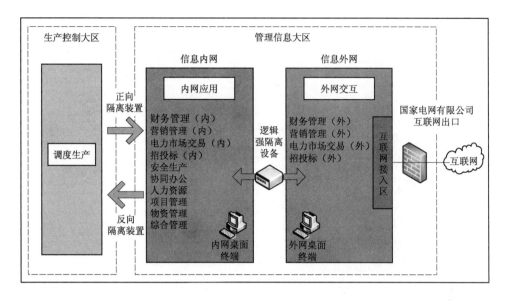

图 5-3   国家电网有限公司网络分区示意图

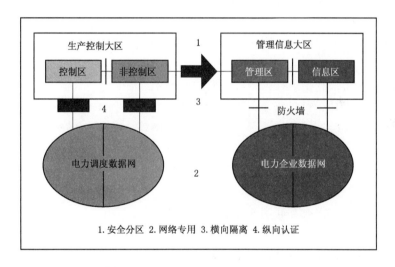

图 5-4   国家电网有限公司电力二次系统安全防护体系示意图

（二）国家电网有限公司信息安全的总体方针与政策

国家电网有限公司信息安全的总体方针与政策见表 5-1。

表 5-1   国家电网有限公司信息安全总体方针与政策

序号	标　题	内　　容
1	信息安全基本方针	安全第一、预防为主、综合治理
2	信息安全责任	谁主管谁负责、谁运行谁负责、谁使用谁负责
3	信息安全保密纪律	涉密不上网、上网不涉密

序号	标　题	内　　容
4	"三同步"原则	坚持信息安全与信息化工作同步规划、同步建设、同步投入运行
5	"三纳入"原则	将等级保护纳入信息安全工作中,将信息安全纳入信息化中,将信息安全纳入公司安全生产管理体系中
6	信息安全防护策略	管理信息系统:可管可控、精准防护、可视可信、智能防御
		电力二次系统:安全分区、网络专用、横向隔离、纵向认证

(三) 国家电网有限公司信息安全的相关要求

1. 信息安全"八不准"

(1) 不准将国家电网有限公司承担安全责任的对外网站托管于外单位。

(2) 不准未备案的对外网站向互联网开放。

(3) 不准利用非国家电网有限公司统一域名开展对外业务系统服务。

(4) 不准未进行内容审计的信息外网邮件系统开通。

(5) 不准使用社会电子邮箱处理国家电网有限公司办公业务。

(6) 不准将未安装终端管理系统的计算机接入信息内网。

(7) 不准非地址绑定计算机接入信息内外网。

(8) 不准利用非国家电网有限公司专配安全移动介质进行内外网信息交换。

2. 信息安全"五禁止"

(1) 禁止将涉密信息系统接入国际互联网及其他公共信息网络。

(2) 禁止在涉密计算机与非涉密计算机间交叉使用 U 盘等移动存储设备。

(3) 禁止在没有防护措施的情况下将国际互联网等公共信息网络上的数据,拷贝到涉密信息系统。

(4) 禁止涉密计算机、涉密移动存储设备与非涉密计算机、非涉密移动存储设备混用。

(5) 禁止使用具有无线互联功能的设备处理涉密信息。

3. 信息安全"三不发生"

(1) 确保不发生大面积信息系统停运事故。

(2) 确保不发生恶性信息泄密事故。

(3) 确保不发生信息外网网站被恶意篡改事故。

4. 信息安全"四不放过"

(1) 事故原因不查清不放过。

(2) 事故责任者与群众未受到教育不放过。

(3) 事故责任人未受到处理不放过。

(4) 没有制订切实可行的防范措施不放过。

(四) 国家电网有限公司信息安全的典型案例分析与处理

1. 违规外联

(1) 安全隐患。国家电网有限公司信息内网与互联网已经隔离,不能进行交互。信息内网办公计算机如果使用网络拨号、无线上网卡等进行违规外联，就会使信息内网与互联网联通，会把来自互联网的各类信息安全风险引入到企业信息内网。

（2）案例举证。2006年5月，国家某单位员工私自在内网办公计算机上安装使用了CDMA无线上网卡接入互联网。在与互联网联通的期间，导致内网办公计算机感染木马，单位重要资料被盗取。该员工受到降级处分，并调离原工作岗位。

（3）防范措施。严禁"一机两用"（同一台计算机既上信息内网，又上信息外网或互联网）的行为。

严禁通过电话拨号、无线等方式与信息外网和互联网连接。

使用防止非法外联的相关措施，如部署桌面终端管理系统，及时监控并强制阻断违规外联。

2. 网络接入

（1）隐患分析。信息内外网网络接入如果管理不够严格，就会在信息安全防线之内，被有企图的人利用而直接接入信息内外网，实施相关危害性操作。

（2）案例举证。国内某事业单位的一名外部合作单位技术人员尝试将个人计算机接入该单位的信息内网，由于该单位未对网络接入进行严格管控，致使该外部技术支持人员成功接入并获取到该单位内部数据库账号口令，窃取了数据库中重要的数据文件数十份，并转卖给竞争对手，导致该单位蒙受重大损失。

（3）防范措施。严格执行国家电网有限公司"八不准"规定，不准将未安装终端管理系统的计算机接入信息内网，不准非地址绑定计算机接入信息内外网。制定严格的外部人员访问程序，对允许访问人员实行专人全程陪同或监督，并登记备案。

3. 移动存储

（1）隐患分析。连接互联网的计算机和移动存储介质上处理、存储企业秘密信息和办公信息，很有可能会直接造成信息泄露事件。

（2）案例举证。2009年12月，国家相关部门通报国家电网有限公司某单位员工使用的计算机中涉及办公资料泄露。经查实，该员工将办公资料存入非国家电网有限公司专配的个人移动存储介质并带回家中，利用连接互联网的计算机对该移动存储介质进行操作，由于其家用计算机存在空口令且未安装安全补丁，感染了特洛伊木马病毒，使存于移动存储介质上的文件信息泄露。

（3）防范措施。加强对个人计算机和个人移动存储介质的安全管理与防护，严禁在连接互联网的计算机和移动存储介质上处理、存储企业秘密和办公信息。不得使用非国家电网有限公司专配存储介质存储涉及国家秘密、国家电网有限公司企业秘密和办公信息。不得使用安全移动存储介质存储涉及国家秘密的信息。在安全移动存储介质使用过程中，应当注意检查病毒、木马等恶意代码。

4. 无线设备

（1）安全隐患。计算机使用无线鼠标、无线键盘等无线外围设备，信息会随无线信号在空中传递，极易被他人截获，造成信息泄露。

（2）案例举证。2008年10月，国家有关部门在对某涉密单位进行保密技术检查时，利用专用检查设备截获到该单位的重要涉密信息。通过排查发现，工作人员张某违规将无线键盘用于涉密计算机，造成键盘录入的涉密信息发射出去。张某受到行政警告处分。

（3）防范措施。禁止保密计算机使用无线连接的外围设备。

5. 邮件安全

（1）隐患分析。在信息外网邮箱存储处理敏感资料，或通过信息外网邮箱和社会公用邮箱向互联网发送敏感信息邮件极有可能会造成信息泄露。

（2）案例举证。2009年，国家电网有限公司接到国家安全管理部门通报，发现某单位涉及重大活动的敏感资料和信息等泄露。通过核实，该事件是由于该单位个别员工将标密的文件在外网邮件系统违规存储和处理，并转发至社会邮箱所致。

（3）防范措施。信息外网邮件系统整合至国家电网有限公司集中统一外网邮件系统。严禁使用社会电子邮箱处理国家电网有限公司办公业务。加强信息内外网邮箱的密码管理，不得使用弱口令或默认密码。加强信息外网邮件的管理，严禁开启自动转发功能。加强现有内外网邮件系统收发日志审计和敏感内容拦截功能，定期更新敏感字。

6. 计算机木马

（1）隐患分析。木马是一种经过伪装的欺骗性程序，它通过伪装自身，在用户与互联网交互中隐身下载至用户计算机，达到破坏或窃取使用者的重要文件和资料的目的。因此，在直接或间接接入互联网及其他公共信息网络的计算机上处理涉及国家秘密、国家电网有限公司秘密的信息时，可能被植入"木马"窃取机密信息。

（2）案例举证。2007年，国家电网有限公司某员工计算机被境外情报机构植入特种"木马"程序，致使国家电网有限公司部分敏感信息内容定向发送到国外某地址的计算机，被国家安保部门在互联网出口截获。

（3）防范措施。严格执行国家电网有限公司"五禁止"工作要求。及时安装操作系统升级补丁。及时更新防病毒软件和木马查杀工具，定期使用防病毒软件或木马查杀工具扫描计算机。不访问不该访问的网页，不打开来历不明的程序和邮件。

7. 口令安全

（1）安全隐患。如果计算机的口令设置不符合安全规定，则容易被破解，而破解者就可以冒充合法用户进入计算机窃取信息。

（2）案例举证。2007年8月，刘某到国家某事业单位办事，趁无人时，到该单位员工工位操作办公计算机。该单位办公计算机大都没有设置口令，已设置的也不符合保密规定，给了刘某可乘之机。刘某窃取了大量该单位重要办公文件，并出卖给境外情报机构，给国家利益造成重大损失。刘某被依法逮捕，该单位负有相关责任的人员也分别受到处分。

（3）防范措施。严禁信息系统、办公计算机、各类操作系统和数据库系统用户访问账号和口令为空或相同。口令长度不得少于8位，密码由大写字母＋小写字母＋数字＋特殊字符组成。删除或者禁用不使用的系统缺省账户、测试账号，杜绝缺省口令。口令要及时更新，必须开启屏幕保护中的密码保护功能，系统管理员口令修改间隔不得超过3个月并且不能使用前三次以内使用过的口令。

8. 办公外设

（1）隐患分析。随着技术的发展，办公设备越来越先进，为提高处理速度，很多办公外设，如打印机、复印机、传真机等都有独立的存储硬盘，使用具有存储功能的办公外设，会有一定的安全风险。如存储了办公文件的打印机，在维修时可能会导致企业重要资料被窃取。

（2）案例举证。2007 年，国家某事业单位的一台具有存储硬盘的办公打印机出现故障，送至维修公司进行维修。维修人员将存储于打印机硬盘的文件拷贝至自己的计算机，造成该单位重要内部信息泄露。

（3）防范措施。严禁普通移动存储介质和扫描仪、打印机等计算机外设在信息内网和信息外网上交叉使用。严禁开启使用办公外设的存储功能。对于需要维修的办公外设，要送运维部门清除存储的办公信息，确保不发生信息泄露。

9. 移动设备

（1）安全隐患。携带笔记本电脑及移动存储介质外出，容易发生丢失或被窃，存在严重信息泄露隐患。

（2）案例举证。2008 年 9 月，某涉密单位工作人员刘某，赴外地参加涉密会议，所携带的行李包在宾馆被窃，包内有机密级移动硬盘一个，内存涉密图片 16 幅，使国家秘密失控。刘某受到开除公职处分。

（3）防范措施。严禁将信息内网专用信息设备外携至外部公共场所。对于外携至公共场所的信息设备，禁止存储涉及国家秘密、国家电网有限公司商业秘密信息和内部办公信息，要防止在外携移动时丢失或损坏，防止所携信息内容被非法获取。同时采取强身份认证、涉密信息加密等保密技术防护措施。

10. 信息发布

（1）安全隐患。门户网站是建立在互联网上的企业信息发布平台，如门户网站上登载敏感甚至涉密重要内容，易被不法分子利用，造成重大损失而引发不良影响。

（2）案例举证。2008 年 4 月，某省政府部门负责人，擅自将机密文件在政府门户网站上发布，造成泄密，该人受到行政警告处分。

（3）防范措施。各单位要按照国家及国家电网有限公司有关规定加强对外发布内容的审查，信息发布必须按照审核发布流程，经审核批准后才能上网，各单位网站应及时更新，栏目内容更新应落实到责任部门、责任人员。严禁在互联网和信息内网上发布涉及国家秘密和企业秘密的信息。

五、国家电网有限公司信息安全的基本保障措施

（一）内网桌面

1. 桌面终端管理的目标

针对国家电网有限公司系统桌面终端管理现状，国家电网有限公司在总部、网省、地市三级公司建立了一套以国家电网有限公司总部和网省公司本部两级管理为中心，促进桌面终端安全管理的标准化、资产管理的规范化、运维管理的流程化，其目标如下：

（1）桌面终端计算机管理标准化。实现桌面终端安全访问、病毒防范、安全接入、补丁更新等安全策略的标准化管理。

（2）桌面资产管理规范化。实现桌面硬件资产全生命周期的规范化管理以及桌面软硬件资产配置的标准化。

（3）桌面维护管理流程化。实现桌面终端软硬件维护服务实施的流程化管理。

（4）桌面运行管理自动化。增强桌面终端管理的自动化，提高管理效率，减少人力投入，从而大幅度降低管理成本，提高效益。

（5）桌面运行管理考核化。实现桌面运行监测点及相关考核指标标准化。

2. 桌面终端管理的范畴

桌面终端标准化管理对象范畴包括信息内网的所有桌面终端，涵盖所有个人桌面（台式机、笔记本电脑等）及相关外设等桌面终端。

桌面终端标准化管理功能范畴包括桌面终端计算机资产管理、软件管理、补丁管理、安全管理。其中，资产管理主要针对桌面终端详细的软、硬件资产现状及变更等进行管理；软件管理包括软件分发、配置管理、远程控制和软件计量等；补丁管理包括防病毒软件和系统的补丁更新及报警管理等；安全管理包括对病毒防范、安全准入、非法外联、安全评估、用户行为进行管理等，从而支持对桌面终端完整的全生命周期管理。

3. 《国家电网有限公司办公计算机信息安全管理办法》中与桌面终端系统管理相关内容

国家电网有限公司自2014年6月1日起施行的《国家电网有限公司办公计算机信息安全管理办法》将桌面终端系统管理方面普通职工需遵守的相关规定告知如下：

第五条　国家电网有限公司办公计算机信息安全工作按照"谁主管谁负责、谁运行谁负责、谁使用谁负责"原则，国家电网有限公司各级单位负责人为本部门和本单位办公计算机信息安全工作主要责任人。

第七条　办公计算机使用人员为办公计算机的第一安全责任人，未经本单位运行维护人员同意并授权，不允许私自卸载国家电网有限公司安装的安全防护与管理软件，确保本人办公计算机的信息安全和内容安全。

（二）保密自动检测系统

为落实总部2010年三季度保密工作会议"研究制定相应技术措施，加强对国家电网有限公司各单位保密工作的检查、指导和监督"要求，国家电网有限公司已组织研发完成了终端计算机保密自动检测系统（以下简称保密检测系统），保密检测系统拥有计算机敏感文件自动检测、敏感信息报警、文件删除粉碎等功能，2011年初在国家电网有限公司总部信息保密办、研究室、科技部、信息化工作部等有关部门，以及华北公司、北京电力公司、中国电科院开展试点工作，在内外网办公计算机部署检测系统约24000余台，试点工作已完成，有效提高了办公计算机敏感信息检测处置能力。

1. 国家电网有限公司企业秘密保护范围

保护范围主要包括战略规划、管理方法、商业模式、改制上市、并购重组、产权交易、财务信息、投融资决策、产购销策略、资源存储、客户信息、招投标事项等信息，以及设计、程序、产品配方、制作工艺、制作方法、技术诀窍等技术信息。

2. 秘密等级确定

国家电网有限公司在各项工作生产的秘密事项有国家秘密和企业秘密，国家秘密是关系国家的安全和利益，依照法定程序确定，在一定时间内只限一定范围的人员知悉的事项，国家秘密分为绝密、机密和秘密三级。企业秘密包括商业秘密和工作秘密。国家电网有限公司接收的党和国家有关部门印发的，标识为"绝密""机密""秘密"的文件、电报和资料等均为国家秘密。

（三）安全 U 盘

国家电网有限公司移动存储介质管理系统是根据国网网络应用特点而设计的一套移动存储管理方案，目的在于满足国家电网有限公司内网移动存储介质日常安全管理。

目前国家电网有限公司推行的专用 U 盘和移动硬盘是各单位管理员通过专用注册工具处理后的一种加强型移动存储设备，其盘内数据经过 AES128 位高强度算法加密，并根据安全策略控制的需要进行数据区划分，分为交换区和保密区。

普通 U 盘和移动硬盘是指未经管理员注册授权的移动存储设备，在信息内网计算机中是受限使用的。如果插入普通 U 盘和移动硬盘会出现"只读"或"禁止使用"的提示。

移动存储介质管理系统通过对信息内网计算机和移动存储介质进行安全注册，实现注册介质与注册计算机相对应，只有注册过的移动存储介质才能从注册过的信息内网计算机拷贝信息，保障信息内网计算机信息安全。从主机层次和传递介质层次对文件的读写进行访问限制和事后追踪审计，为内部可能出现的数据拷贝泄密、移动存储介质遗失泄密以及 U 盘等移动介质接入病毒安全的问题提供了解决方案。

1. 各存储区域的区别

（1）启动区：设备管理区域，存放启动程序与帮助文档，请勿在此区域存放文件。

（2）交换区：安全 U 盘在授权与未授权计算机中均可凭密码登录使用，建议存放普通文件。

（3）保密区：授权计算机专用区域，存放重要、保密数据。

2.《国家电网有限公司办公计算机信息安全管理办法》中与安全移动存储介质管理的相关内容

国家电网有限公司自 2014 年 6 月 1 日起施行的《国家电网有限公司办公计算机信息安全管理办法》中关于安全移动存储介质管理的相关内容如下：

第十六条 加强安全移动存储介质管理：

（一）国家电网有限公司安全移动存储介质主要用于涉及国家电网有限公司企业秘密信息的存储和内部传递，也可用于信息内网非涉密信息与外部计算机的交互，不得用于涉及国家秘密信息的存储和传递；

（二）安全移动存储介质的申请、注册及策略变更应由人员所在部门负责人进行审核后交由本单位运行维护部门办理相关手续；

（三）应严格控制安全移动存储介质的发放范围及安全控制策略，并指定专人负责管理；

（四）安全移动存储介质应当用于存储工作信息，不得用于其他用途。涉及国家电网有限公司企业秘密的信息必须存放在安全移动存储介质的保密区，不得使用普通存储介质存储涉及国家电网有限公司企业秘密的信息；

（五）禁止将安全移动存储介质中涉及国家电网有限公司企业秘密的信息拷贝到信息外网或外部存储设备；

（六）应定期对安全移动存储介质进行清理、核对；

（七）安全移动存储介质的维护和变更应遵循本办法的第五章相关条款执行。

第十七条　涉及国家秘密安全移动存储介质的安全管理按照国家电网有限公司有关保密规定执行。

（四）内外网邮件

1. 内外网邮件系统简介

为了规范国家电网有限公司统一信息内、外网邮件系统的使用，统一信息内、外网邮件系统管理，保障统一信息内、外网邮件系统安全、高效应用，2010 年，国家电网有限公司统一安排部署，建设了域名为"sgcc. com. cn"的内、外网办公邮件系统，两套系统分别部署于信息内网和信息外网，均采取了关键字过滤、漏洞扫描等安全技术措施。

系统采用集中式部署，分级分域的管理模式，用户可以通过邮件系统页面、企业门户和各类邮件收发工具等多种方式使用该系统。

本邮件系统具有高可靠性、高速度、高安全性和较强兼容性等优点，系统信息丰富并且易于操作。邮件系统支持 IE、Netscape 以及其他所有支持 Cookie 和 JavaScript 的浏览器。可以在任何时间、任何地点、任何设备或平台，通过连接互联网方式，登录访问自己的邮箱。

2. 内外网邮箱使用要求

用户名应采用姓名的全拼，在首次登录后要及时修改密码，密码要求 8 位及以上由数字和字母组成的复杂密码。

各邮箱用户要严格执行"涉密不上网、上网不涉密"的工作纪律，禁止使用内网邮箱传输涉密邮件。使用内网邮箱发送含敏感信息的邮件时，应采用 WinRAR 加密压缩方式进行传输，加密口令要求 12 位及以上并包含字母和数字。

 本节小结

1. 随着信息化的不断发展，在网络世界中，如何保护信息的安全性、隐私性成为每个人都要重视的重要方面。对于企业来说，通过技术手段保护数据的安全是国家、企业和用户的切实要求。对个人来说，通过改变个人的生活工作习惯也是保护企业、个人信息安全的重要组成部分。

2. 国家电网有限公司对信息的产生、传输、保存、使用等各方面提出了具体的安全防护要求，切实将要求落实到工作中，保持信息安全"警觉"，做到按规办事，保障信息安全。

 思考与练习

1. 常见的信息安全意识分类有哪些？

2. 国家电网有限公司信息安全特点是什么？

3. 介绍国家电网有限公司信息安全面临的风险。

4. 国家电网有限公司信息安全总体方针是什么？

5. 国家电网有限公司办公计算机信息安全的工作原则是什么？

第二节　《网络安全法》宣贯

一、《网络安全法》的重要性

1. 立法背景（网络安全已经成为关系国家安全和发展、关系广大人民群众切身利益的重大问题）

在信息化时代，网络已经深刻地融入了经济社会生活的各个方面，网络安全威胁也随之向经济社会的各个层面渗透，网络安全的重要性随之不断提高。

一方面，党的十八大以来，以习近平同志为核心的党中央从总体国家安全观出发对加强国家网络安全工作做出了重要的部署，对加强网络安全法治建设提出了明确的要求，制定《网络安全法》是适应我们国家网络安全工作新形势、新任务，落实中央决策部署，保障网络安全和发展利益，落实国家总体安全观的重要举措。

另一方面，中国是网络大国，也是面临网络安全威胁最严重的国家之一，迫切需要建立和完善网络安全的法律制度，提高全社会的网络安全意识和网络安全保障水平，使我们的网络更加安全、更加开放、更加便利，也更加充满活力。

因此，制定《网络安全法》是维护国家广大人民群众切身利益的需要，是维护网络安全的客观需要，是落实国家总体安全观的重要举措。

2. 立法意义（筑基和里程碑）

《网络安全法》是国家安全法律制度体系中的又一部重要法律，是网络安全领域的基本法，与之前出台的《国家安全法》《反恐怖主义法》等属同一位阶。《网络安全法》对于确立国家网络安全基本管理制度具有里程碑式的重要意义，具体表现为六个方面：一是服务于国家网络安全战略和网络强国战略；二是助力网络空间治理，护航"互联网＋"；三是构建我国首部网络空间管辖基本法；四是提供维护国家网络主权的法律依据；五是利于在网络空间领域贯彻落实依法治国精神；六是为网络参与者提供普遍法律准则和依据。

《网络安全法》明确了网络安全的内涵和工作体制，反映了中央对国家网络安全工作的总体布局，标志着网络强国制度保障建设迈出了坚实的一步。

二、《网络安全法》的内容解读

《网络安全法》包括了网络空间主权，关键信息基础设施保护，网络运营者、网络产品和服务提供者义务等内容，各条款覆盖全面，规定明晰，显示了较高的立法水平。

1.《网络安全法》内容框架

《网络安全法》全文共7章79条，包括总则、网络安全支持与促进、网络运行安全、网络信息安全、监测预警与应急处置、法律责任以及附则。除法律责任及附则外，根据适用对象，可将各条款分为六大类：

第一类是国家承担的责任和义务，共计 13 条，主要条款包括：第三条"网络安全保护的原则和方针"，第四条"顶层设计"，第二十一条"网络安全等级保护制度"等。第二类是有关部门和各级政府职责划分，共计 11 条，主要条款包括：第八条"网络安全监管职责划分"，第十六条"加大网络安全技术投入和扶持"等。第三类是网络运营者责任与义务，共计 12 条，主要条款包括：第九、二十四、二十五、二十八、四十二、四十七和五十六条"网络运营者承担的义务"，第四十条"用户信息保护"，第四十四条"禁止非法获取及出售个人信息"等。第四类是网络产品和服务提供者责任与义务，共计 5 条，主要条款包括：第二十二、二十七条"网络产品和服务提供者的义务"，第二十三条"网络安全产品的检测与认证"等。第五类是关键信息基础设施网络安全相关条款，共计 9 条，主要条款包括：第三十三条"三同步原则"，第三十四条"关键信息基础设施运营者安全义务"，第三十五条"网络产品和服务的国家安全审查"，第三十七条"个人信息和重要数据境内存储"等。第六类是其他，共计 8 条，包括：第一条"立法目的"，第二条"适用范围"，第四十六条"打击网络犯罪"等。

2. 《网络安全法》重点分析

《网络安全法》内容主要涵盖了关键信息基础设施保护、网络数据和用户信息保护、网络安全应急与监测等领域。与网络空间国内形势、行业发展和社会民生紧密的主要有以下三大重点：

（1）确立了网络空间主权原则，将网络安全顶层设计法治化。网络空间主权是一国开展网络空间治理、维护网络安全的核心基石；离开了网络空间主权，维护公民、组织等在网络空间的合法利益将沦为一纸空谈。《网络安全法》第一条明确提出要"维护网络空间主权"，为网络空间主权提供了基本法依据。此外，在"总则"部分，《网络安全法》还规定了国家网络安全工作的基本原则、主要任务和重大指导思想、理念，理清了部门职责划分，在顶层设计层面体现了依法行政、依法治国要求。

（2）对关键信息基础设施实行重点保护，将关键信息基础设施安全保护制度确立为国家网络空间基本制度。当前，关键信息基础设施已成为网络攻击、网络威慑乃至网络战的首要打击目标，我国对关键信息基础设施安全保护已上升至前所未有的高度。《网络安全法》第三章第二节"关键信息基础设施的运行安全"中用大量篇幅规定了关键信息基础设施保护的具体要求，解决了关键信息基础设施范畴、保护职责划分等重大问题，为不同行业、领域关键信息基础设施应对网络安全风险提供了支撑和指导。此外，《网络安全法》提出建立关键信息基础设施运营者采购网络产品、服务的安全审查制度，与国家安全审查制度相互呼应，为提高我国关键信息基础设施安全可控水平提出了法律要求。

（3）加强个人信息保护要求，加大对网络诈骗等不法行为的打击力度。近年来，公民个人信息数据泄露日趋严重，"徐玉玉案"等一系列的电信网络诈骗案引发社会焦点关注。《网络安全法》从立法伊始就将个人信息保护列为需重点解决的问题之一，《网络安全法》第四章"网络信息安全"用较大的篇幅专章规定了公民个人信息保护的基本法律制度，特别是其中"对个人信息立法保护"和"对网络诈骗严厉打击"的相关内容，切中了当今个人信息泄露乱象的要害，充分体现了保护公民合法权利的立法原则，为今后保护个人信息、打击相关违法犯罪行为奠定了坚实的上位法基础。

三、《网络安全法》的宣贯

1. 加强《网络安全法》宣传普及

知法懂法是保证法律贯彻落实的基础。网络安全与每个人、每个组织息息相关。首先需要做好《网络安全法》的宣传普及工作，将法律的有关规定准确地传达到对应的个体。应当将网络安全宣传作为公益，持续广泛地通过网络、电视、广播、纸媒等在公共场所、机关单位、居民生活区域开展，让网络安全观念深入人心，让网络安全意识植根人心。

2. 加快配套制度建设

《网络安全法》是网络安全工作的基本法，为相关法规制度提供了接口。如法律中提出制定关键信息基础设施安全保护办法、公布网络关键设备和网络安全专用产品目录、制定各级网络安全事件应急预案、建立网络安全监测预警和信息通报制度等。本法及其配套的法规规章共同构成了网络安全领域的法律规范文件体系，要抓紧研究制定配套的法规文件，抓紧建立配套的制度机制，保证本法规定的各项工作顺利开展。

3. 加强基础支撑力量建设

网络安全是技术过程也是管理过程。《网络安全法》明确提出国家要对关键信息基础设施重点保护，要加强网络安全信息收集、分析等工作，采取措施防御处置网络安全风险和威胁等。落实上述法律责任，必须建立一支能力卓越、反应迅速、安全可靠的支撑力量，需要更多懂技术、懂管理的人才加入到网络安全支撑队伍，需要更多有创造力、有热情的人参与国家网络安全工作。

 本节小结

1. 《网络安全法》的必要性：网络安全已经成为关系国家安全和发展、关系广大人民群众切身利益的重大问题。《网络安全法》是网络安全领域的基本法，对于确立国家网络安全基本管理制度具有里程碑式的重要意义。

2. 《网络安全法》内容解读：《网络安全法》内容主要涵盖了关键信息基础设施保护、网络数据和用户信息保护、网络安全应急与监测等领域。

 思考与练习

1. 网络安全领域的基本法指什么？
2. 《网络安全法》的立法背景是什么？
3. 《网络安全法》的立法意义是什么？
4. 《网络安全法》的内容主要涵盖了哪几个方面？

参 考 文 献

［1］ 孙建勋. 电力生产安全知识读本［M］. 北京：中国电力出版社，2015.

［2］ 凌志杰，李玉芬. 安全生产常识［M］. 北京：机械工业出版社，2015.

［3］ 山西省电力公司. 新员工安全教育［M］. 北京：中国电力出版社，2012.

［4］ 陈积民. 电力安全生产［M］. 北京：中国电力出版社，1998.

［5］ 中国安全生产研究院. 消防安全知识宣传教育手册［M］. 北京：中国劳动社会保障出版社，2017.

［6］ 中国安全生产研究院. 火灾扑救与火场逃生［M］. 北京：中国劳动社会保障出版社，2017.

［7］ 杨清德，杨兰云. 触电急救与意外伤害急救常识［M］. 北京：中国电力出版社，2013.

［8］ 国网技术学院组. 电工实训［M］. 北京：中国电力出版社，2013.

［9］ 中国红十字会. 救护员指南［M］. 北京：社会科学文献出版社，2016.